CJ 冶金行业职业技能鉴定培训系列教材

轧钢生产典型案例

——中厚板与棒线材生产

主编　杨卫东

北　京
冶　金　工　业　出　版　社
2018

内 容 简 介

本书是“冶金行业职业技能鉴定培训系列教材”之一，全书共分上、下两篇，以技术总结的形式通俗地介绍了近年来中厚板生产与棒线材生产等方面的轧钢生产案例。

本书可作为轧钢工人职业技能培训和职业技能鉴定培训教材，也可供有关工程技术人员及大专院校相关专业师生参考。

图书在版编目(CIP)数据

轧钢生产典型案例：中厚板与棒线材生产/杨卫东主编．—北京：冶金工业出版社，2018.7

冶金行业职业技能鉴定培训系列教材

ISBN 978-7-5024-7814-8

Ⅰ.①轧…　Ⅱ.①杨…　Ⅲ.①轧钢学—职业技能—鉴定—教材
Ⅳ.①TG33

中国版本图书馆 CIP 数据核字（2018）第 132301 号

出 版 人　谭学余
地　　址　北京市东城区嵩祝院北巷 39 号　邮编　100009　电话　(010)64027926
网　　址　www.cnmip.com.cn　电子信箱　yjcbs@cnmip.com.cn
策划编辑　张　卫　责任编辑　俞跃春　贾怡雯　美术编辑　彭子赫
版式设计　孙跃红　责任校对　郭惠兰　责任印制　李玉山
ISBN 978-7-5024-7814-8
冶金工业出版社出版发行；各地新华书店经销；三河市双峰印刷装订有限公司印刷
2018 年 7 月第 1 版，2018 年 7 月第 1 次印刷
787mm×1092mm　1/16；11.25 印张；268 千字；166 页
38.00 元

冶金工业出版社　投稿电话　(010)64027932　投稿信箱　tougao@cnmip.com.cn
冶金工业出版社营销中心　电话　(010)64044283　传真　(010)64027893
冶金书店　地址　北京市东四西大街 46 号(100010)　电话　(010)65289081(兼传真)
冶金工业出版社天猫旗舰店　yjgycbs.tmall.com

编者的话

在中国政府倡导弘扬工匠精神、培育大国工匠、打造工匠队伍、实施制造强国战略的引领下，本系列教材从贴近一线、注重实用角度来具体落实——一分要求，九分落实。为此，本系列教材特设计了一个标志Gj。

本标志意在体现工匠的匠心独运，字母G、J分别代表“工”“匠”的首字母，♥代表匠心，G与J结合并配上一颗心，形象化地勾勒出工匠埋头工作的状态，同时寓意“工匠心”。有匠心才有独运，有独运才有绝伦，有绝伦才有独树一帜的技术，才有一流产品、一流的创造力。

以此希望，全社会推崇与学习这种匠心精神，并成为年轻人的价值追求！

编者

2018年6月

前　言

本书是为了便于开展冶金行业职业技能鉴定和职业技能培训工作，依据技术工人职称晋升标准和要求，以及典型职业功能和工作内容，经过大量认真、细致的调查研究，充分考虑现场的实际情况编写而成的。在具体内容的组织安排上，考虑到岗位职工学习的特点，力求通俗易懂，图文并茂，理论联系实际，重在应用。

本书系统地介绍了近些年来中厚板生产和棒线材生产等方面的轧钢生产案例，内容贴近一线，丰富实用，指导性强，读者对象主要是在岗的一线技术工人，也可供工程技术人员及大专院校相关专业师生参考。本教材的姊妹篇《轧钢生产典型案例——热轧与冷轧带钢生产》也由冶金工业出版社出版，读者可参考购买。

本书是校企高度合作的成果，由首钢技师学院杨卫东担任主编，首钢工学院李铁军、首钢技师学院李琳担任副主编，首钢工学院梁苏莹、首钢技师学院张红文参编。在编写过程中参考了大量文献资料，得到了有关单位的大力支持，在此一并表示衷心的感谢！

由于编者水平有限，书中不妥之处，敬请广大读者批评指正。

编　者

2018年4月

目　录

上篇　中厚板生产

下篇　棒线材生产

上篇　中厚板生产

1　“多道次纵轧法”的应用

1.1　引言

某厂主轧机为单机架 3300 四辊可逆式轧机，轧机的最大轧制压力 30000kN，轧制速度为 0～1.75m/s～3.54m/s，轧机的压下方式为慢速电动压下，主电机额定功率 2×3800kW，转速为 50r/min 和 100r/min。由于是单机架，粗轧与精轧在同一个工作机座上完成。如何既能保证较高的生产率，又能保证产品质量，这对板材公司的经济效益起到了至关重要的作用。

1.2　多道次纵轧法

优化主轧机操作，探索最佳操作法。采用“多道次纵轧法”既能提高产量而且可以改善钢板的质量。“多道次纵轧法”就是在使用小型坯轧制薄宽板（有些钢厂将成品钢板的厚度小于 12mm，宽度大于 2500mm 的钢板称为薄宽板）时，板坯从出炉后经过轧机轧制完第一道次后不直接进行 90°转钢后的展宽轧制，而是继续进行纵向（板坯长度方向）轧制，根据板坯尺寸选择纵向轧制道次，一般以 2 个道次为宜，再 90°转钢进行展宽轧制，宽展轧制完成后继而进行 90°转钢后纵向轧制，直到整个轧制过程结束。采用此操作方法轧制有以下三方面优点。

1.2.1　减少轧制道次，增加产量

目前公司在平时生产中使用部分坯进行轧制的钢板数量较多。尤其是在轧制薄规格品种钢时，在要求保性能的情况下，如果按照工艺要求只能单块轧制，并且采用轧机下空过控温或在辊道上游动控温，这样就延长了钢板的轧制时间，降低了轧制节奏。采用“多道次纵轧法”后，轧制展宽道次减少，纵向轧制道次也相应减少，这样总的轧制道次随之减少，其间节省的时间正好可以实现双块套轧。这种轧制方法正好解决了单块轧制时间较长的问题，这样既提高了轧制节奏，又保证了钢板的力学性能和板形。

1.2.1.1　普通轧制法的要点

（1）出炉板坯的温度必须保持在 1050℃以上，粗轧阶段要求采用大压下量轧制，每

道次压下率不小于20%。当然每道次压下量不能太大，要考虑钢厂轧机的能力。

（2）根据生产工艺要求12mm厚的钢板的控温厚度为20mm，控温后开轧温度为900~920℃，并且要求控温开轧前两个道次采用大压下量，必须保证压下率达到25%。

（3）终轧温度780~850℃。

具体道次压下量见表1-1。

表1-1　普通轧制时的轧制道次分配表

道次	1	2	3	4	5	6	7	8	9
辊缝值/mm	190	170	154	138	124	114	105	84	69
纵/横	纵	横	横	横	横	横	横	纵	纵
道次	10	11	12	13	14	15	16	17	18
辊缝值/mm	54	40	30	20	15	14	13	12.5	12
纵/横	纵	纵	纵	纵	纵	纵	纵	纵	纵

如表1-1所示，普通轧制一般需要18个道次完成轧制。

1.2.1.2　“多道次纵轧法”轧制的要点

（1）板坯从出炉到完成第一道次轧制后，先不进行90°转钢后的展宽轧制，而是继续进行纵向（板坯的长度方向）轧制，一般比普通轧制时多两个道次，因为纵向轧制道次增多后，钢坯长度方向延伸大，无法进行90°转钢，所以选两个轧制道次比较合理。纵向两个道次轧制完成后，开始90°转钢后展宽轧制，展宽轧制完成后再进行90°转钢开始纵向轧制，最后完成整个轧制过程。

（2）按照工艺要求，当第一块钢板的厚度达到控温厚度时，将第一块钢板放置在机后的辊道上进行控温，然后开始第二块钢板的轧制，当第二块钢板的厚度达到控温厚度时，将第二块钢板放置在轧机前的辊道上控温，并且开始第一块钢板的精轧阶段，期间总共减少了4个轧制道次，节省的时间为实现两块套轧创造了条件。

（3）根据生产工艺要求控温厚度为成品钢板厚度的两倍再加8~10mm，控温后开轧温度为900~920℃，并且要求控温开轧前两个道次采用大压下量，必须保证压下率达到25%。

（4）终轧温度为780~850℃。

具体道次压下量见表1-2。

表1-2　多道次纵轧时的轧制道次分配表

道次	1	2	3	4	5	6	7	8
辊缝值/mm	190	170	150	130	112	92	83	63
纵/横	纵	纵	纵	横	横	横	横	纵

续表 1-2

道次	9	10	11	12	13	14	15	16
辊缝值/mm	43	30	20	15	14	13	12.5	12
纵/横	纵	纵	纵	纵	纵	纵	纵	纵

从表 1-1、表 1-2 可以看出，利用“多道次纵轧法”仅用 16 个道次便可完成整个轧制过程，而普通轧制法则需要 18 个道次，这就说明“多道次轧制法”不仅节省了两个轧制道次所需的时间，而且两块套轧正好弥补了单块轧制时控温时间长的缺陷，这样就保证了成品钢板的力学性能。可以通过计算说明，目前某厂在轧制薄宽板时，如果按照普通方法轧制，平均每小时能轧 18 块钢板，采用“多道次纵轧法”轧制时每块钢板可以节省两个轧制道次，每小时可以节省的轧制道次为：

$$18 \times 2 = 36(\text{道次})$$

这样每小时可以多轧钢板：

$$36 \div 16 \approx 2(\text{块})$$

所以采用“多道次纵轧法”可以实现提高产量的目的。

1.2.2 能减少“桶形”

采用“多道次纵轧法”可减少轧制展宽时的压下量，宽展道次少，对减少“桶形”有好处。

使用长宽尺寸较小的板坯轧制较宽的成品钢板时，如选板坯的长度作为钢板的长度方向，板坯的宽度作为钢板的宽度方向时，需要在粗轧阶段对板坯的短轴进行展宽轧制。展宽轧制时，板坯中间部分的金属比两边部分金属的延伸量大（因为边部的部分金属要参与宽展），导致头尾呈圆弧状，展宽时的总压下率越大，圆弧的伸长量越大。当展宽之后调转 90°进行纵向轧制时，展宽时遗留下来的前后圆弧变成了左右圆弧，并且在整个轧制过程结束后依然保留，使得毛板的整个形状并不是理想的矩形，而是一个近似的“桶形”，也就是毛板沿长度方向中间比头尾宽，直接导致切损量增加。当采用“多道次纵轧法”时，与普通轧制方法相比，展宽轧制时的压下道次减少，总压下率减小，因此展宽时钢坯头、尾部分的圆弧长度减小，可以在以后的轧制中减少毛板的“桶形”量，降低切边量，提高钢板的成才率。按普通轧制方法中间宽度比头尾宽度大 40~50mm，而采用“多道次纵轧法”轧制的毛板，中间宽度比头尾宽度大 15~25mm（但目前“多道次纵轧法”仅仅局限于轧制薄宽板）。

表 1-3 中罗列了采用“多道次纵轧法”轧制不同规格钢板时的测量数据。

表 1-3 采用“多道次纵轧法”对成品钢板“桶形”量的控制

坯料规格 厚×宽×长/mm×mm×mm	轧制规格 厚×宽/mm×mm	毛板中间宽度 /mm	毛板头部宽度 /mm	毛板尾部宽度 /mm	中间与头尾平均 差值/mm
217×1000×1800	8×2450	2550	2540	2540	10
217×1100×1800	8×2500	2610	2590	2600	15
217×1250×1800	10×2438	2540	2530	2520	15

续表 1-3

坯料规格 厚×宽×长/mm×mm×mm	轧制规格 厚×宽/mm×mm	毛板中间宽度 /mm	毛板头部宽度 /mm	毛板尾部宽度 /mm	中间与头尾平均 差值/mm
217×1460×1800	10×2650	2750	2730	2730	20
217×1350×1800	12×2600	2700	2670	2680	25
217×1400×1800	12×2700	2800	2780	2770	25

从表 1-3 数据中可以看出，毛板中间宽度比头尾宽度大 10~25mm，大大减少了切边量，提高了成材率。

1.2.3 提高轧制节奏，保证板形

对于用剖分坯轧制薄板时，例如轧制 6~8mm 的普板，因为精轧阶段钢板降温比较快，所以要求尽量缩短单块钢板的轧制时间来弥补。按照普通轧制方法，整个轧制过程需要 18 个道次，受设备能力的限制，不能人为通过大下压量来缩短轧制道次。而采用“多道次纵轧法”整个轧制过程只需 16 个轧制道次，正好弥补了上述缺陷，从而达到板形控制的目的，这里主要指平直度缺陷中的边浪，因为一些钢厂矫直能力有限，钢板的轧制效果直接影响后续的矫直效果，在生产较薄的钢板时，采用普通轧制方法轧制时，钢板的终轧温度一般为 700℃，钢板开始矫直的温度一般为 550℃，由于矫直温度较低，很难完全消除边浪，最后在成品钢板上显现出的小波，采用“多道次纵轧法”轧制时，钢板的纵轧温度一般为 780℃，矫直温度一般为 650℃，矫直效果较好。下面分别对两种轧制方法所轧制的钢板的不平度（指成品钢板的实际形状与理想的平直状态的偏差值）进行测量对比。以钢种为 Q345D，规格为 8mm×2500mm×10000mm 的低合金板为例，对比结果见表 1-4。

表 1-4 同规格钢板在两种轧制方法下平直度的对比

批号	轧制钢板的规格 /mm×mm×mm	普通轧制时的不平度 /mm	多道次纵轧时的不平度 /mm
D070315	8×2500×10000	0.04	0.02
D070316	8×2500×10000	0.03	0.03
D070317	8×2500×10000	0.05	0.03
D070318	8×2500×10000	0.06	0.01
D070319	8×2500×10000	0.02	0.00
D070320	8×2500×10000	0.05	0.01

从表 1-4 可以看出，采用“多道次纵轧法”大大改善了钢板的板形质量，提高了产品的竞争力。

1.3 采用“多道次纵轧法”应注意的事项

在轧制薄宽板时，采用“多道次纵轧法”轧制效果较好，但必须掌握好一个关键点，就是在开始轧制时沿钢坯长度方向多轧几个道次，但轧制道次不能太多，一般以两个道次为宜，要保证展宽轧制顺利进行。当然这可以根据具体的情况选择，对于某厂 3300mm 生

产线来说，最大允许宽度为3200mm，所以纵向轧制道次过多，钢坯沿长度方向延伸较大，可能会造成转钢后无法进行展宽轧制。所以可以根据实际情况确定纵向轧制的道次。

1.4 结束语

“多道次纵轧法”和普通轧制方法相比有很大的优势。一是采用这种轧制方法可以缩短单块钢板的轧制时间，提高轧制节奏；二是采用这种轧制方法可以减少毛板的“桶形”量，提高成材率；三是采用这种轧制方法可以弥补单块钢板轧制时降温快的缺陷，减小成品钢板的不平度，提高成品钢板的板型质量。

2 7~8mm 薄长板板形控制

2.1 引言

某公司轧钢部4300mm生产线薄板规格计划逐渐增多，7~8mm钢板已经批量生产，为保证轧制过程安全顺稳，以及减少带出品的产生，薄长板板型控制技术已经成为一个值得关注的技术难点。通过近期轧制过程中遇到过的7~8mm薄长板，并摸索、总结，该厂已经掌握了一套薄长板板型控制方法，效果很理想，杜绝了轧废，为公司及时兑现订单奠定了基础，降低了生产成本。

2.2 生产计划

2.2.1 钢板规格平稳过渡

7~8mm钢板之前的轧制计划，要平稳过渡，最好安排8~10块规格相近的热轧钢板，避免规格上有较大的跳变，以避免轧机系统自适应较慢以致辊缝出现偏差，导致前几块薄长板板形不好控制，极易出现大的镰刀弯或堆钢事故。

2.2.2 辊期合理

薄长板应尽量安排在轧辊辊期的中后期。在轧辊初期时，由于轧辊中间热凸度较两边大，即使把弯辊值设定到最小1700kN，也极易出现大中浪，在7.0m/s左右的高速度空过放钢时钢板表面抖动太大，很容易接触轧辊，轧辊检测到轧制力，导致道次突变，出现卡钢事件。在轧辊末期时，由于轧辊中间磨损最大，即使把弯辊设定到最大值4000kN也极易出现大双边浪，钢板厚度两边较中间薄太多，此时有两方面不良后果：一是由于现场观察整张钢板出现边浪，很难判断镰刀弯的方向，以致矫直后出现大的镰刀弯，轻者造成剪切困难，重者造成不能剪切；二是如果通过修正ZPC调整钢板厚度保证钢板两边厚度不超厚度下线，钢板中间肯定厚很多，导致钢板定尺不足，板形不良，不能及时兑现合同。如果不修正ZPC调整钢板厚度，很可能出现轧薄事件，导致整张钢板成为带出品，造成严重的损失。

2.2.3 交叉安排

在安排7~8mm计划时，一次连续轧制最好在20~30块，不宜过多使辊道过热，可交叉安排。一般在轧制10mm以下薄长板时把轧机输入输出辊道辊身冷却水定时关闭，防止钢板温降太快，板形不好控制，如果每次轧制薄长板太多，容易出现轧机输入输出辊道局部抱死，极易辊道卡刚，造成回炉或改轧事故的发生。

2.3　加热操作

由于轧制 7~8mm 钢板所用坯形比较特殊，一般为 150mm、180mm 厚的钢坯，所以需要加热控制好烧钢温度，防止出现翘钢导致改轧或回炉事件，造成不必要的损失。

2.4　轧钢操作

2.4.1　冷却水的控制

在轧制薄长板前应将轧机输入和输出辊道冷却水关闭或调到小，轧机前后侧喷也相应关闭。薄长板本身温降很快，辊道冷却水会加速钢板温降，机前机后侧喷会造成钢板操作侧温降过快，出现表面现象上的操作侧单边浪，尤其是冬季，二者都会造成轧机周围很大的雾气，不利于板形控制。同时适当调整轧机辊身冷却水流量，一定程度上减缓钢板的温降，辊身水分布如图 2-1 所示。

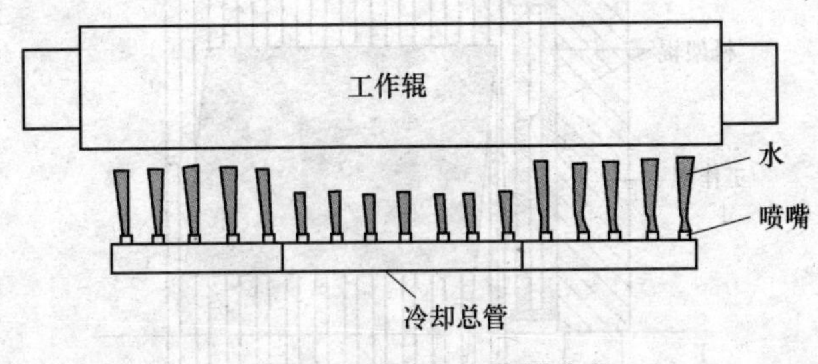

图 2-1　轧辊冷却水流量分布

2.4.2　粗轧展宽阶段

（1）为防止翘钢发生，一般将滑雪板系数调到-5~-8，同时将滑雪板影响长度设定到 2~2.5m（正常时设定值为 1m），对防止翘钢起到了一定的作用。如果翘钢严重，需要手动平整，采用小压下量为前提的方法来控制翘钢，具体调整的参数如下：

1）将扭矩调整至 500~1000kN·m，使压下量在 10mm 以内。

2）将咬钢速度和轧制速度调成一致，并且轧制速度设定在 1~1.5m/s 之间，用以去除自动化轧制过程中的加速过程和限定轧制速度。

3）调整滑雪板系数在-5~-8，增加上工作辊辊速，控制翘钢。

4）滑雪板的作用长度调整至 2~2.5m（正常轧制设定为 1m）。

按照上述方法来控制翘钢的效果非常明显，大部分的翘钢都会在平整 1~3 个道次后消除，为节省时间，主操要合理安排好大家的任务，三台电脑合理使用，平整过程大概 8~10 秒。另外，翘钢较严重时，手动平整后快速恢复自动化轧制也是十分必要的。比较好的操作方法是：

1）钢板平整完毕，转钢对中后让辊道处于手动状态。

2）按操作台 UCC ON GAP 按钮，恢复 EGC、HGC 的自动状态（EGC、HGC 虽然恢复自动状态但不会自动到设定位置）。

3）再计算，使辊缝自动调整到设定位置。

4）UCC ON SPEED（恢复自动轧制程序）。

此过程只需主操一个人通过操作台按钮完成，用时在3s以内，快速、便捷。整个平整翘钢及恢复自动轧钢过程大概15s，为挽救薄板钢温节省了宝贵时间。

（2）轧制薄长板的钢坯一般厚度为150mm、180mm，钢板轧制完很容易产生斜角，如果钢温控制得好，把滑雪板系数调到-3～-5，能改善斜角的大小。如果有轻微的翘钢，即使把滑雪板系数调整到-8也没有明显效果，此时就在其展宽结束后纵轧一道次后，将钢板拉停，手动将其转动一合适角度 α，只需让钢板的头尾和转钢辊道平行即可，此过程大概需要2s，如图2-2所示。再继续轧制，能有效地改善或消除钢板斜角，降低由于斜角过大导致的轧短带出品。

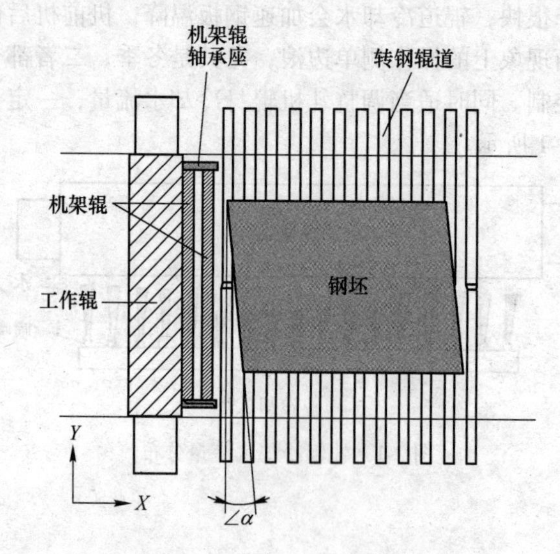

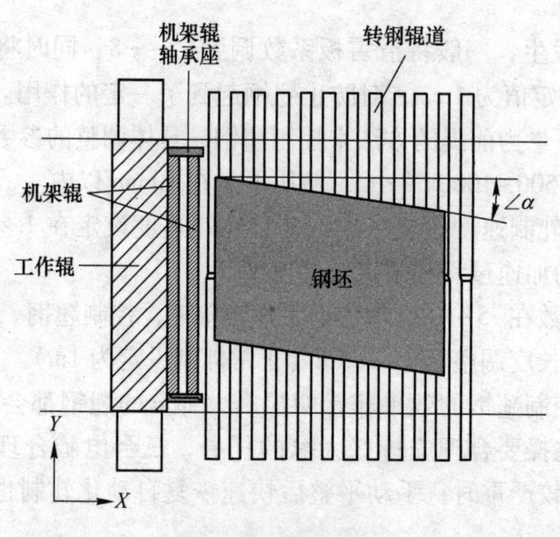

图2-2　钢板转动角度 α

2.4.3　精轧阶段

（1）及时修改机前、机后抛钢距离。转钢辊道为锥形辊，轧机前靠近机架辊的第一根转钢辊道 DS 侧粗、OS 侧细，OS 侧的转钢辊道比机架辊的轴承座低。因此轧制薄板时，尤其在最后一道次空放时，还要将滑雪板系数调整到+1 或+2，避免钢板很薄，而且头尾温度低，由于重力作用钢板头部下扣，容易使钢板头部扎到机架辊的轴承座上，造成卡钢，此时钢板影像已过，而钢板实际还滞留在轧机入口，后面的钢坯会冲向轧机，造成叠钢。如果及时修改机前的抛钢距离，将机前的抛钢距离改为 2m 或者 1.8m，使轧制过程中抛钢后钢板头部不脱离机前机架辊，如图 2-3 所示，就可以避免出现此种情况，降低带出品，避免回炉。

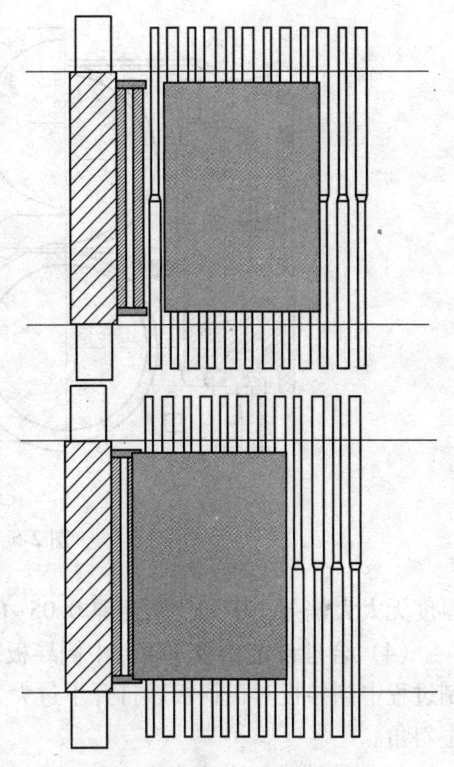

图 2-3　抛钢后钢板头部位置

机后抛钢距离经发现设定为 3.3~3.5m 较为合适，尤其是在钢板轧制结束前的最后一道次，能及时利用对中夹住钢板的尾部，很大程度上避免了轧制后钢板尾部甩弯的情况。

（2）优化轧制规程，力保薄长板板型。最好采用机后转钢方式克服大枣核问题，轧制时一般生成粗轧 5 道次，精轧 6 道次，不多不少，既能保证钢温足够，又能保证终轧压下量不是很大，利于板形控制。若出现出炉温度较低的钢板，可以修正钢板模型温度，力保最佳道次轧制，精轧时咬钢速度设定 2，轧制速度设定 7，加速度设定 2，总之将各阶段速度调整到最大，一方面挽救钢温，另一方面有利于镰刀弯控制。

（3）合理调整弯辊，保证薄长板无中浪和边浪。即采用液压缸的压力使工作辊产生附加弯曲，以改变辊缝的形状，从而保证板材平直度和断面形状偏差合乎要求。4300mm 轧机工作辊液压正弯辊原理如图 2-4 所示。

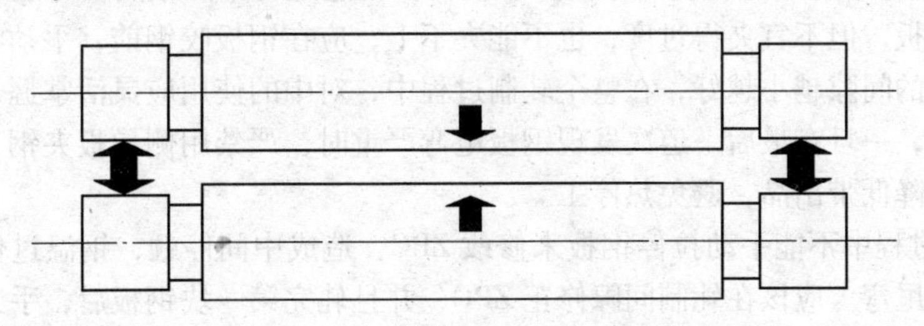

图 2-4　工作辊液压正弯辊原理

提供弯辊力的弯辊缸共有 16 个缸，分装在 4 个“Mae West”弯辊块上，如图 2-5 所示，每个“Mae West”弯辊块上下侧各安装两个缸，分别给上下工作辊轴承座提供弯辊力，每个轴承座 4 个液压缸提供的弯辊合力正好作用在辊子轴承的中心，弯辊系统的最大弯辊力为 4000kN。弯辊缸布置情况如图 2-5 所示。

根据经验，在轧辊中期时，弯辊调整到 1700~2000kN · m 左右即可，保证测厚仪三点

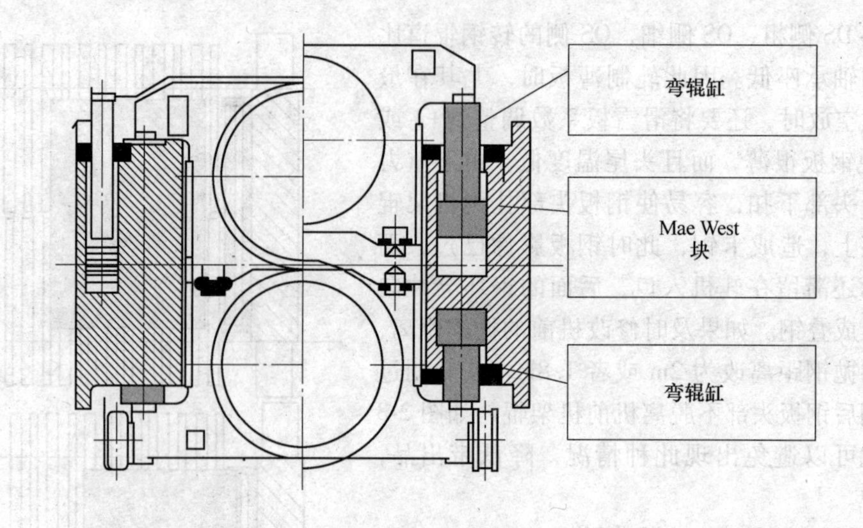

图 2-5　弯辊缸布置示意图

厚度无太大偏差，中间比两侧厚 0.05~0.08mm，此状态薄长板板形很理想。

（4）合理设定二级 offsets 中侧导板开口度，根据经验设定到 50mm 左右最佳，保证轧制过程中侧导板对正钢板后打开不过大，咬钢时防止由于震动使钢板产生过大的倾斜，产生斜角。

（5）精轧过程中注意事项如下。

1）适当调整“tilting”，即调整两侧辊缝差，但不宜大范围调整，在轧制间隙观察轧机前后摄像头，若出现明显的镰刀弯，提前调整“tilting”，在轧制过程中调整，保证在轧制过程中钢板没有明显的镰刀弯，然后最后一道次轧制前再根据机后摄像头观察钢板情况适当调整。根据经验，若 OS 侧有轻微的镰刀弯，不用调整“tilting”，轧制后，板形会很理想；若 DS 侧有镰刀弯时应视情况调整“tilting”，一般不超过 5 道，避免甩弯到 OS 侧。

2）轧制过程中合理的使用侧导板，即钢板长度超过对中区域后，每道次应适当的用侧导板加紧钢板，但不宜夹得过度，也不能夹不上，应在钢板咬钢前，手动将对中宽度打到与钢板两侧的间隙越小越好，在整个轧制过程中，对中的使用应灵活掌握，已达到最有效的控制甩弯，一旦在最后一道次发现钢板甩弯严重时，严禁用侧导板夹钢，避免折叠和刮导板叠钢，降低带出品，避免热停工。

3）轧制过程中不能手动拉停钢板来修改 ZPC，造成中间停顿，钢温过低，致使轧制力偏差，钢板甩弯。应该在轧制间隙修正 ZPC，并且轧完第一块钢板后，手工卡量与测厚仪对比，若厚度没有问题，之后就靠 ZPC 自动修正即可，不需人工修正。

4）轧制的薄长板一般长度都在 36m 以上，把握好要钢节奏，给矫直机充足的矫直时间，保证矫直后薄长板板形良好。

（6）轧机机后过矫、矫直机处专人负责看板形，及时和台上沟通，让操作人员了解轧机输出板型和矫直后板形，根据情况适当调整镰刀弯。

（7）轧机维检单位要按时巡检轧机抱闸等关键部位，防止钢板因此甩弯，同时提前准备好应急工具，以便临时切割钢板，避免由于准备工作不及时造成长时间的热停工。

2.5　矫直机操作

（1）矫直机前后辊道冷却水关闭，减缓钢板温降，同时维检单位加强巡检，防止辊道抱死。

（2）矫直钢板时使用出口辊和入口辊来调整钢板头尾板形，尽量使钢板头尾翘起，防止钢板扎入辊道盖板。同时矫直过程中，第一遍矫直时，注意倾动的使用，出口矫直力不宜过大，防止发生形变过大影响矫直。

（3）由于钢板较薄，上冷床时要拉开一定距离，防止瓢曲。同时准备好切割工具以及天车，防止因钢板扣头尾，无法上料以及对切头剪造成影响。

2.6　结束语

根据近期生产过程中轧制的 7~8mm 薄长板规格，结合轧机、矫直机功能，通过参数调整，操作注意事项，总结出针对薄长板的板形控制方法，能有效地降低轧短带出品，减少回炉改轧、轧废事故，减少由于叠钢造成的热停工，提高轧机机时产，目前薄长板轧成率能够稳定在 100%，能够大批量顺稳轧制，及时向客户供货，同时也为公司降低了生产成本。

3　4300mm 热矫直机工艺优化总结

3.1　引言

中厚板热矫直机是中厚板生产过程中非常重要的设备，是用来消除中厚板经过轧机和快速冷却，钢板由于温度不均、变形不均以及运输等原因，造成轧后的钢板常有瓢曲和波浪缺陷以满足产品标准及用户要求。中厚板矫直机作为中厚板轧制生产的重要辅助设备，决定着中厚板产品的交货质量和直行率的高低。特别是在中厚板生产过程中采用控轧控冷技术（TMCP）以后，为满足强冷后高强度钢板的低温矫直以及用户对中厚板产品的高精度要求，中厚板矫直技术的作用不断提高，并由此促进了现代矫直理论与矫直技术的发展。

矫直不同品种规格的轧材，采用不同结构形式和规格的矫直机。所以矫直机的结构形式繁多，矫直方式也不相同。某公司 4300mm 生产线在线热矫直机采用四重 11 辊式矫直机对称设计，能够进行可逆矫直。如果不需要对来料进行矫直，则可空过。主要是根据矫直钢板的钢种、规格、性能以及钢板的外形质量的要求来确定矫直工艺参数，如矫直温度、矫直压下量、矫直道次和矫直速度等。

3.2　矫直工艺参数

3.2.1　矫直道次

矫直道次取决于每一道次的矫直效果。在矫直温度和压下量一定的情况下，矫直道次太少钢板矫不平、道次太多可能影响正常的轧制作业。操作人员要根据钢板板形情况、轧制周期、轧件长度和矫直终了温度等因素来确定矫直道次。

3.2.2　矫直温度

矫直后钢板温度过高，钢板到冷床上又会重新产生瓢曲和波浪。矫直温度过低钢的屈服点上升，矫直效果不好，而且矫后钢板的表面残余应力高，降低了钢的性能，特别是冷弯性能。钢板一般在 600~800℃进行热矫，较薄的钢板温度可能降低至 500~550℃，较厚的钢板可能接近 800℃。对于那些超厚钢板，矫直温度将达到 900℃。

3.2.3　矫直压下量

矫直压下量主要取决于钢板的矫直温度，一般在 1.0~5.0mm 的范围内选取。对温度较低的钢板取较小值，对温度较高的钢板取较大值。此外，确定压下量时还要考虑板厚的影响，厚度较薄的钢板压下量大、较厚的钢板压下量小。

3.2.4　矫直速度

根据钢板的矫直温度、厚度及强度性能等因素确定的，速度范围为 0~2.5m/s。厚度大于 100~250mm 的钢板从矫直机中空过，这时应将上矫直辊抬升至最大开口度位置。厚度大于 250mm 的钢板将从精轧机机后工作辊道直接吊下并送至 No.3 冷床，不再通过热矫直机。

在热轧钢板时，一些不同的平直度缺陷（例如边浪、中间浪、整体浪、镰刀弯等）会在钢板上产生，如图 3-1 所示。

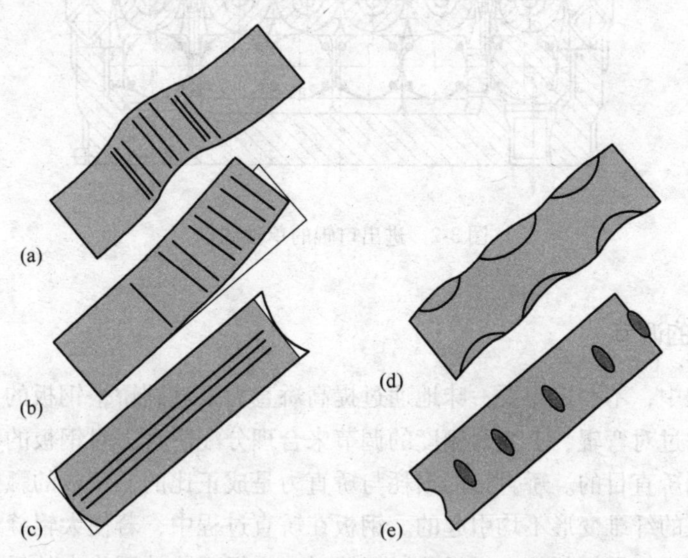

图 3-1　典型的平直度缺陷

（a）纵向弓形；（b）镰刀弯缺陷；（c）横向弓形；（d）双边浪；（e）中间浪

因此，矫直机具有动态辊缝调整、矫直辊横向弯曲补偿、整体倾动、入出辊单独调整等功能，能最大限度地消除可能出现的各种板形缺陷。

3.3　矫直工艺优化

目前常规钢种的矫直由于其矫直温度较高，同时钢板表面硬度较低一般不会存在太大的问题。但一些高级别钢种，如管线钢、高强钢由于开矫温度低，同时钢板冷后表面硬度高，变形抗力大，在实际生产过程中矫直难度较大。经过长期的观察，同时结合相关理论知识对其相关矫直工艺进行了优化。

3.3.1　引料辊的调节

针对一些头部板形不好的钢板，在咬钢过程中由于翘头或扣头，容易撞击矫直机的上下辊盒的第一根矫直辊。当出现这种情况时，可以调节矫直机入口或出口的引料辊，通过调整辊子的咬入角来改变钢板在咬入时与矫直辊的接触位置，从而减轻钢板对矫直辊的撞击。当钢板翘头时，可以压低入口侧引料辊，而当钢板扣头时，可以适当抬升引料辊，来改变钢板与矫直辊的接触位置。另外，当矫直薄板时，由于上辊盒出口第一根矫直辊给钢板的压力使得钢板出矫直机的时候出现扣头，此时适当调节出口引料辊，可以有效调节钢板头部板形，改善扣头现象，如图 3-2 所示。

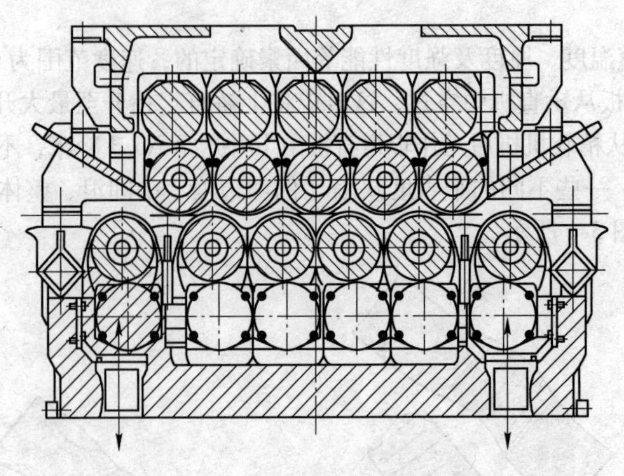

图 3-2　进出口辊的单独调整

3.3.2　矫直力的调节

在矫直过程中，不一定需要一味地通过提高矫直力来达到矫平钢板的目的。针对不同的板形，可以通过对弯辊、上辊盒倾度的调节来合理分配矫直力对钢板的某一部位进行重点矫直从而达到矫直目的。矫直辊的损耗与矫直力是成正比的。钢板的瓢曲是由于钢板在其横向与纵向上的纤维变形不均引起的。钢板在矫直过程中，若使大辊缝处于钢板瓢曲部位，小辊缝则对应较平坦部位。钢板通过辊缝时，平坦部位被压成大的反复弯曲变形并形成拉伸状态，瓢曲部位被压平，形成压缩状态，其结果使长纤维变短，短纤维变长。如此反复弯曲后，可以消除各纵向纤维的长度差而达到矫直的目的。通过对上辊盒倾度的调节，钢板在纵向形成递减压弯量，在消除板面缺陷的同时，钢板更趋于平直。

所以，钢板在矫直过程中，不能一味地追求大的矫直力。可以通过对矫直参数的适当调整来达到矫直的目的。而一些宽度比较大或强度较高的钢板，通过调节辊缝，给予钢板大的压下量来提高矫直力能获得较好的矫直效果。还有，在矫直过程中，纵向瓢曲的钢板通过适当增加弯辊量给予钢板大的变形可以获得更好的矫直效果。如图 3-3 所示。

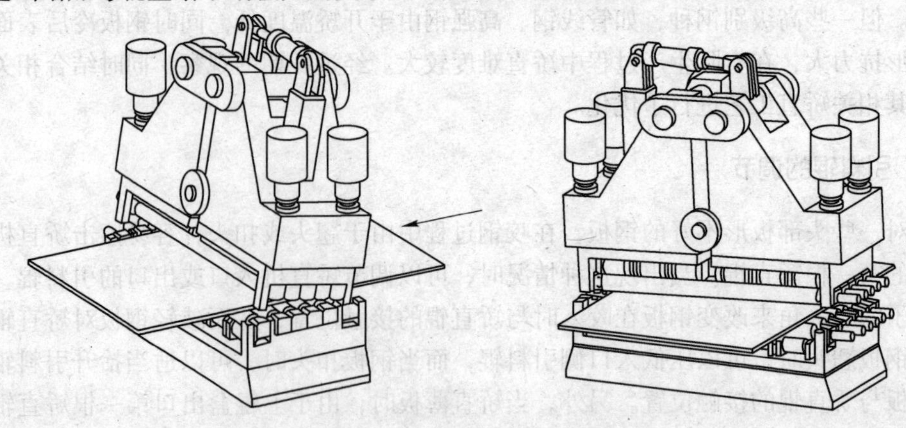

图 3-3　前后倾度的调节示意图

3.3.3　弯辊和矫直机左右倾斜的调整

在生产 X70-5 的管线钢时，曾经出现过在钢板通过 ACC 水冷后钢板的前半部平直度较好，而尾部 3~4m 处出现中间瓢曲，在矫直快要到达钢板尾部加大矫直力后，还是无法消除尾部瓢曲，如图 3-4 所示。

图 3-4　尾部鼓包示意图

之后在矫直快要到达钢板尾部时对矫直机的弯辊进行了调节，以消除尾部瓢曲，如图 3-5 所示。

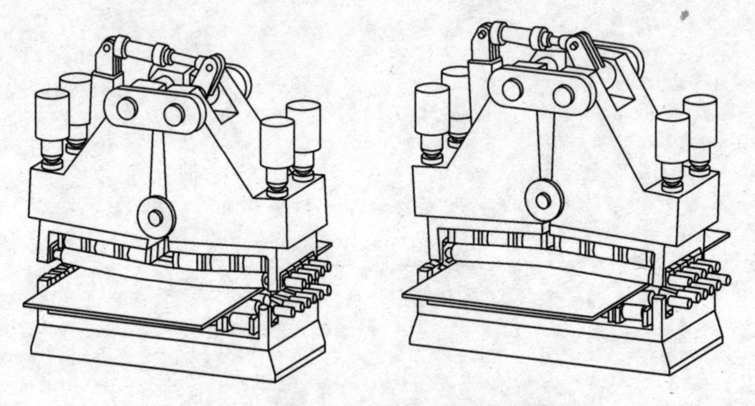

图 3-5　矫直机正负弯辊的调节示意图

3.3.4　矫直速度的调节

矫直机处于高挡速度工作时，会对矫直辊造成以下几点的危害。

（1）由于咬入钢板产生的加速度会给设备造成很大的附加载荷。

（2）钢板在矫直过程中头尾由于振动与矫直辊的撞击和摩擦会加剧。

（3）连接轴之间的摩擦加剧，容易造成连接轴之间轴承的磨损。

（4）当钢板的尾部进入矫直机时，移动中的甩摆会形成较大的打击力，对矫直辊造成损害。

对于一些强度较高的薄板，在矫直过程中，矫直速度比较大，当板形不是很好时，按模型矫直对矫直辊的损伤较大。另外，随着矫直速度的提高，钢板的变形阻力也提高，因此提高矫直速度相应的也应该加大压弯量。如 X70-5，轧完后头部板形不好，且容易出现中浪，而按模型矫直时，其咬钢速度是 0.8m/s，矫直速度是 1.4m/s，在第一遍矫直时钢板与矫直辊接触剧烈，可以通过人为的干预，在钢板板形不好的部位，降低矫直速度，从而降低钢板对矫直辊的撞击，也能因为降低矫直速度，而使矫直力加大，提高对钢板的矫直效果。

通过以上一些矫直参数的调整，不仅使钢板矫完输出板形有了很大的改善，同时有效降低了钢板的残留应力，保证了其在冷床上终冷板形。

4　4300mm 宽厚板翘钢分析与控制

4.1　现状分析

翘钢是指钢板在轧制过程中一端或者两端翘起的现象，在宽厚板生产的过程中尤为常见。翘钢会对宽厚板生产造成十分不利的影响，不仅会对设备造成冲击、损害，造成设备事故，而且严重影响生产过程的连续性，影响钢板质量，甚至造成轧废。宽厚板生产过程中应该尽量避免钢板的严重的翘曲。

某公司 4300mm 宽厚板生产线品种规格繁多，为适应市场严峻的挑战，降低成本，普遍采用板坯低温烧钢的方式来增加钢板性能。这样翘钢的问题就更为突出。下面结合宽厚板现场生产实际情况，简要分析翘钢发生的原因、危害以及提出预防、控制措施。

4.2　翘钢的原因与危害

4.2.1　翘钢的原因分析

钢板在轧制过程中头尾弯曲的根本原因是上下表面延伸不均。当钢板在轧制过程中上表面延伸大于下表面时，钢板表现出头部或尾部下扣；当钢板下表面延伸大于上表面时，就会出现端部翘起。钢板上下表面延伸不均的原因很多，主要有钢板上下表面温度不均、辊径差、上下表面摩擦力的不均、压下量分配不合理，轧辊打滑等。

4.2.2　翘钢的危害

在宽厚生产中发生翘钢会对生产、质量和设备产生很多不利的影响，如图 4-1、图 4-2 所示。

图 4-1　钢板两端翘起导致改轧

图 4-2　控温钢板头尾叠起

（1）在粗轧阶段，钢板轧制完成后需要多块钢板一起控温，如果钢板尾部翘起，很容易造成控温钢板头尾相插在一起，有些无法拆开，导致开轧温度低或者改轧（见图 4-1）。

（2）粗轧阶段，由于钢板长度短，如果钢板翘起严重则会出现两头翘起，无法咬入，需要进行平整，严重时导致钢板改轧；如果钢板控温长度过短，在精轧阶段也会出现上述现象，严重时会导致线上多块控温钢板温度过低甚至改轧。

（3）钢板翘起后，会刮擦设备，造成设备零件、铁皮等脱落在钢板上产生异物压入缺陷。

（4）如果在轧制过程中翘起严重，会对设备造成严重损害：钢板会撞击水箱护板，导致护板脱落；撞击轧机除尘罩，导致除尘罩变形或者脱落；长期撞击水箱导板，使水箱受力，滑块螺丝变形严重，水箱与轧辊导板梁间隙变大，水箱受到冲击后与导板梁脱开上升到高位，对工作辊冷却造成影响，工作辊换辊时无法正常抽出。

4.3　翘钢的预防

4.3.1　优化钢坯的加热过程

（1）适当延长钢坯在加热炉均热段的停留时间，使钢坯温度尽量均匀。（2）加热过程中避免加热温度的急剧的升降，这就要求轧制计划编制合理，使加热的工艺不大幅度变化。（3）发生翘钢时，也可以采用暂停出钢，集中待热的方法，使钢坯温度均匀，缓解翘钢现象。

4.3.2　工作辊的优化

（1）结合现场生产实际情况，发现粗轧机在新更换工作辊的前半辊期翘钢较辊末期翘钢严重，因此采用新上机工作辊按辊末期辊型提前增加凹度 0.1～0.2mm 的方法，可以适当减轻钢板翘钢。

（2）采用上辊径大于下辊径的配辊方式，使钢板上表面延伸大于下表面延伸。

（3）增加辊面粗糙度，增大摩擦力，减轻打滑现象。

4.3.3　轧制过程参数的优化控制

4.3.3.1　SKI（滑雪板）参数的调整

如图 4-3 所示，SKI 是通过调节下主电机转速来改变上下轧辊的辊速差进而影响钢板咬入端的弯曲状态。SKI 的调节分为 SKI 作用长度、作用比率和 SKI 数值。SKI 的作用长度表示 SKI 对钢板咬入阶段的作用长度范围。SKI 的取值为+8～-8。当轧制过程中有翘曲风险时，可以增加 SKI 的作用范围、作用比率，减小 SKI 数值。

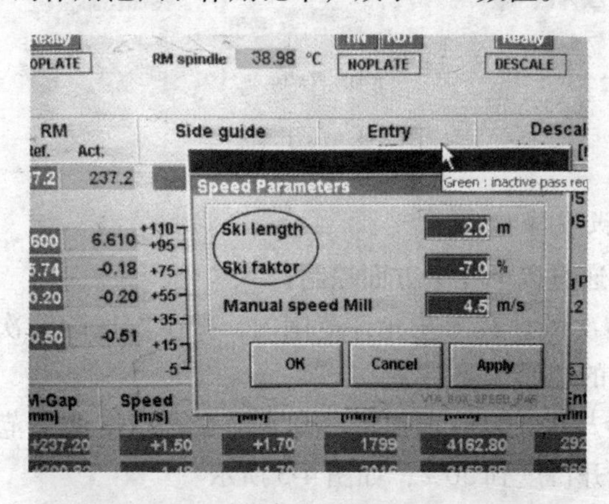

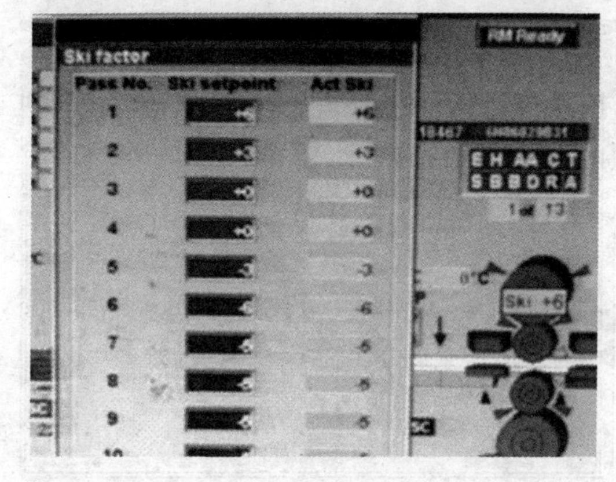

图 4-3　SKI 参数调整

4.3.3.2　压下量的合理分配

粗轧阶段的主要任务是完成钢板所需要的展宽，并轧制到工艺要求的控温厚度进行控温。整个过程要求采用大压下量以保证钢板性能。但是当温度等条件不满足时，大的压下量往往会加重钢板的翘曲情况。这种情况下，需要有选择的合理分配压下量。结合现场生产的经验，发现钢板在轧制到 60mm 以下时翘曲开始明显，而且随着压下量的增大翘曲越严重。这时可以增大压下率斜率（调节范围 0.9～1.25），如图 4-4 所示，使轧制规程的压下量由大到小排布，在前期翘曲不明显阶段采用大压下量的轧制，在后期减小压下量。同时，也可以在工艺允许的范围内，采用适当增加控温厚度，限制最大压下量的方法控制翘钢。

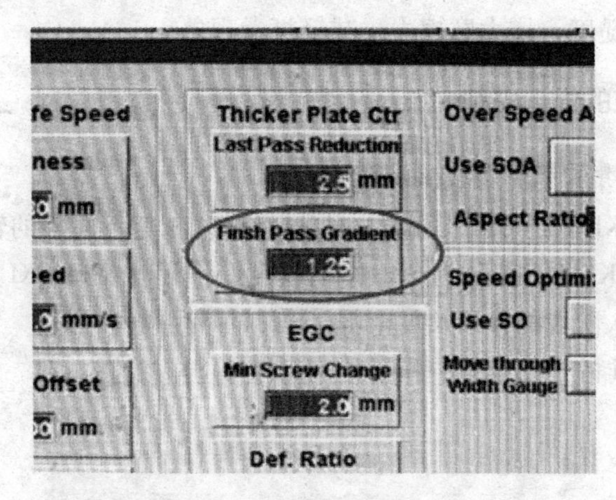

图 4-4 压下率斜率

4.3.3.3 减少钢板温降

减少钢板温降主要通过以下几个方面控制：

（1）减少二次除鳞次数。在工艺允许范围内，减少二次除鳞次数，减少上表面的温降，可以显著改善钢板的翘曲情况。

（2）降低工作辊冷却水流量。工作辊冷却水流量开口度调节范围是50%～100%，当翘钢严重时降低水流量开口度到50%，如图4-5所示。

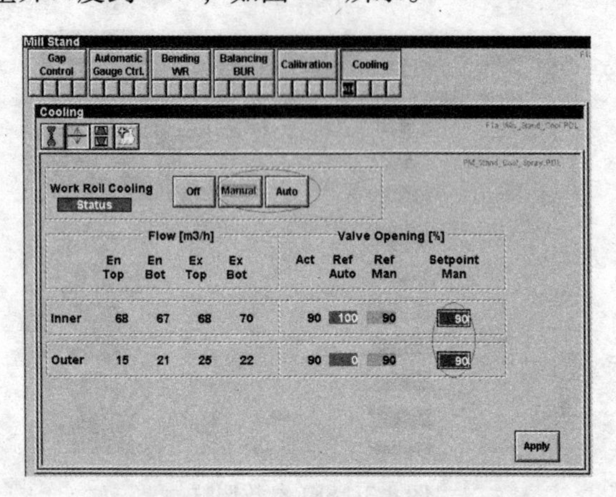

图 4-5 工作辊冷却水调节

（3）增加一次除鳞速度。一次除鳞速度的条件范围是0.6～1.2m/s，当有翘钢风险时，将除鳞速度调整到1.2m/s，加快除鳞速度，减少温降，如图4-6所示。

（4）合理控制出钢节奏。合理的控制出钢节奏是指发生翘钢时，放缓要钢节奏，避免钢板出炉后在辊道上摆动，使温度降低，上下表面温度不均。同时，降低轧制节奏也可以给加热炉调整时间，保证钢板出炉温度均匀。

4.3.3.4 调整轧制速度参数

轧制速度参数包括咬入速度、轧制速度、加速度。根据实际生产经验，适当降低轧制速度，并且使咬入速度、轧制速度尽量接近，加速度降低，可以减小钢板抛出阶段的速度

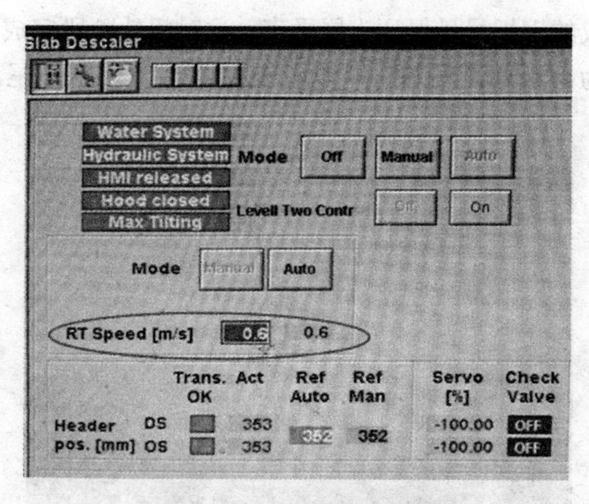

图 4-6　一次除鳞机速度调节

及加速过程，减缓翘钢的趋势。

4.4　翘钢后的处理

翘钢后需要处理的情况是指钢板两端翘起，无法咬入时。根据钢板长度的不同处理分为两种情况。

4.4.1　钢板长度小于 4300mm 时的翘钢处理

这种情况一般出现在展宽阶段。发生翘钢时，由于轧制方向上钢板长度短（板坯旋转 90°，板坯宽度是轧制方向的长度），翘曲后往往出现在两端，无法咬入。这种翘钢可以通过手动平整的方法解决：将钢板旋转 90°，根据当前钢板的厚度，抬高轧机的辊缝值，辊缝约为钢板厚度的 150%~200%（根据实际钢板的翘曲严重程度而定），手动控制轧辊平整，然后修正钢板影像，恢复轧制。

4.4.2　钢板长度大于 4300mm 时的翘钢处理

这种情况一般出现在粗轧纵轧阶段与精轧阶段。由于钢板长度大于 4300mm，无法进行转钢平整。这种情况下发生翘钢的危害是最大的，翘起的钢板无法平整消除，翘起严重时也无法通过后续 UFC、ACC、HPL 等设备，只能在线上冷却用板夹吊走，这样会严重影响生产的连续，并且导致一块或者多块在轧钢板因温度低而无法进行轧制，造成改轧。当发生钢板两端翘起时，也可以根据实际情况采取一定挽救措施：减小该道次的压下量，使辊缝增大，然后选择翘起较低的一端尝试咬入，如果咬入成功，继续采取防翘钢措施，保证钢板轧成。

4.4.3　粗轧阶段完成后，钢板尾部翘起的控制

粗轧阶段完成后，钢板尾部往往会翘起，如果不采取一定的干预措施，在多块钢板控温时，一旦影像跟踪出错，会导致控温钢板头尾相插，严重时难以拆开，进而无法进行轧

制。这就要求粗轧轧成的钢板尽量保证头尾平直。这时粗轧阶段完成后可以增加一个空过平整道次，空过辊缝为钢板厚度+10mm，这样就基本消除了钢板尾部的翘曲现象，如图4-7所示。

图 4-7　钢板尾部翘曲

4.5　结束语

通过采用上述控制措施并结合生产的实际经验操作，4300mm 生产线因翘钢而导致的钢板改轧、设备故障、生产停机都大幅度的减少，为公司减少损失，增加效益。

翘钢是宽厚板生产中不可避免的现象，严重影响着设备的稳定和生产的连续。在追求钢板高性能低成本的同时，翘钢成为越来越明显的制约因素。因此，要求生产者根据生产计划要有一定的预见性，提前采取上述相应的预防措施，避免翘钢的发生；当翘钢发生时也可以快速有效地应对，把损失降到最低。

5　4300mm 宽厚板生产轧制节奏的控制

随着公司粗轧机的顺利投产，轧钢生产效率明显提高，4300mm 生产线产能大幅提升，相对于以往单机架轧制，双机架生产的节奏发生巨大变化，如何掌握好轧制节奏，最大地发挥双机架生产线的产能，为公司创造更多的效益，成为一个关键问题。下面针对粗轧机投产后的产能如何提高做一个系统的总结。

5.1　轧制节奏的控制

5.1.1　影响轧制节奏的主要因素

影响轧制节奏的主要因素有出钢的时机、粗轧机轧制时间 t_{RM}、精轧机轧制时间（包含钢板的控温时间和精轧机轧制时间）t_{FM}、矫直机矫直时间 t_{HPL}（包括 ACC、UFC 水冷和矫直时间）。由于轧制不同规格的钢板，控温厚度不断变化，以上各个时间都在不断改变，它们之间的大小关系的不同，使生产效率的主要因素也随之改变。t_{RM}、t_{FM}、t_{HPL} 三个时间最大者，表示该设备单块生产用时最长，其他主体设备需要等待该设备生产，因而时间最大者为制约生产效率的主要因素。制约生产效率的主要因素根据上述三个时间的大小的不同情况，可分为粗轧机为主要制约因素，精轧机为主要制约因素和矫直机为主要制约因素。生产示意如图 5-1 所示。

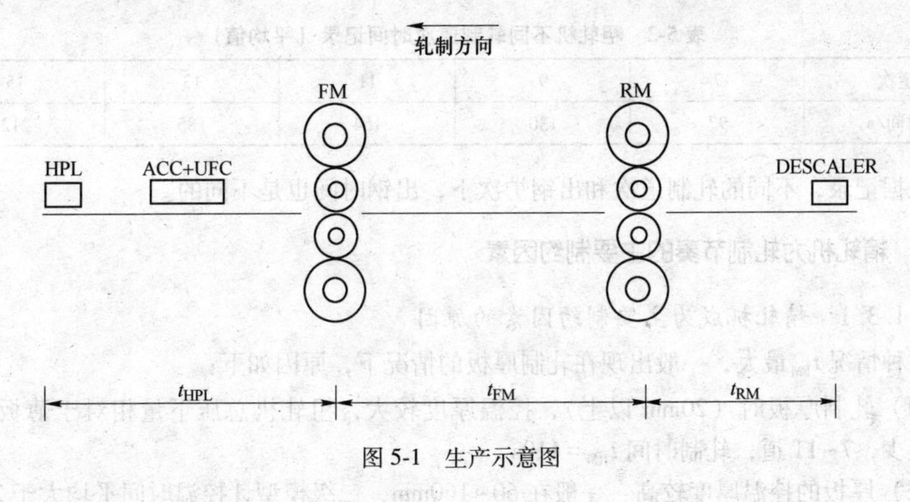

图 5-1　生产示意图

5.1.2　粗轧机为轧制节奏的主要制约因素

5.1.2.1　粗轧机成为主要制约因素的原因

这种情况 t_{RM} 为最大，一般出现在轧制薄长板时，原因如下：

（1）轧制薄长规格钢板（7~20mm）时，由于薄规格钢板多数不控温或者控温厚度比较小，同时选用的坯型较大，粗轧阶段总压下量一般在190~220mm，轧制道次一般为9~13道次包括2次转钢，时间平均为150s，即$t_{RM}=150s$。

（2）薄规格钢板精轧机的接管厚度一般在30~60mm之间，因而粗轧机轧完后，精轧机可以直接开轧，或者短时间控温，平均时间一般在50s内。

（3）精轧机由接管厚度轧到目标厚度只有20~50mm的压下量，需要5~7道次，时间最大为90s，即$t_{FM}\leqslant 50s+90s=140s$。表5-1为精轧机不同道次的纯轧制时间。

表5-1 精轧不同道次轧制时间记录（平均值）

精轧道次	3	5	7
轧制时间/s	50	62	93

（4）轧成后的薄板板型一般较好（36级船板和少数特殊品种钢等强度大的钢板除外），矫直一遍即可满足板形要求。平均时间$t_{HPL}=100s$。

综上所述，t_{RM}最大，即粗轧机所用时间最长，为主要制约因素。

5.1.2.2 节奏控制

在这种情况下，保证粗轧机以最大的生产效率生产（不空转待钢），即为整个轧钢线的最大效率。故合理的出钢时机显得十分重要，过早出钢会导致钢坯温度降低，道次增多，不利于轧制，过晚则会使粗轧机空转待钢，影响节奏。表5-2是两座加热炉从1~4道出钢到粗轧机前的时间记录，表5-3是粗轧机轧制道次时间记录。

表5-2 加热炉出钢时间记录（平均值）

炉次	1道	2道	3道	4道
时间/s	80	84	104	112

表5-3 粗轧机不同轧制道次时间记录（平均值）

道次	7	9	11	13	15
时间/s	97	130	154	185	212

根据记录，不同的轧制道次和出钢炉次下，出钢时间也是不同的。

5.1.3 精轧机为轧制节奏的主要制约因素

5.1.3.1 精轧机成为主要制约因素的原因

这种情况t_{FM}最大，一般出现在轧制厚板的情况下，原因如下：

（1）轧制厚板时（20mm以上），控温厚度较大，粗轧机总压下量相对于薄板较小，道次较少，7~11道，轧制时间$t_{RM}=110s$。

（2）厚板的控温厚度较高，一般在60~160mm，二级模型计控温时间平均大于200s。

（3）精轧机轧制厚板的道次一般为7~9道，平均轧制时间90s。所以$t_{FM}>90s+200s=290s$。

（4）厚板终轧长度大都较短，虽然矫直速度和水冷速度也相对变慢，但是总体上平均时间$t_{HPL}=150s$。

综上所述，t_{FM}时间最大，即精轧机轧制所用时间最长，为主要制约因素。

5.1.3.2 节奏控制

厚板轧制控温时间长，需要在粗轧与精轧之间的辊道处摆动控温，根据控温时间，长度的不同，辊道上有 1~6 块控温钢板。根据经验，精轧机轧制完前一块钢板，下一块钢板还应剩余 20s 左右的控温时间，这是因为要考虑到模型的误差以及人为原因所增加的轧制时间（例如最后道次打停钢板调整钢板厚度等），以避免钢板终轧温度低。这样，可以计算出前后控温钢板之间的时间梯度，应为剩余控温时间与精轧纯轧制时间（查看上述表格）之和，大约为 $\Delta t = 20s + 90s = 110s$。即理论上每两块钢板二级显示的剩余时间后一块比前一块大 110s 左右，考虑到多重因素的制约，上下 50s 浮动均属较好的节奏控制范围。

5.1.3.3 出钢时机

由于不同控温厚度控温时间不同，这里分为三种情况：一是控温厚度一致；二是控温厚度由厚到薄；三是控温厚度由薄到厚。

（1）当刚开始轧制厚板且控温厚度一致时，根据粗轧轧制时间与加热炉出炉时间（见表 5-2 和表 5-3），以粗轧机连续无空转轧制的方法出钢即可。当控温辊道已经摆满钢板时，需要根据精轧机轧制钢板进度，适当延缓出钢，以免控温辊道长度不满足，影响钢板粗轧轧制及正常控温。

（2）当控温厚度由厚到薄时，控温时间也相应由长变短。过早出钢会导致钢板终轧温度过低，过晚出钢浪费产能，这种轧制计划是最讲究出钢时间的。根据长期大量的数据记录，绘出的控温厚度与二级计算剩余时间的关系曲线如图 5-2 所示。

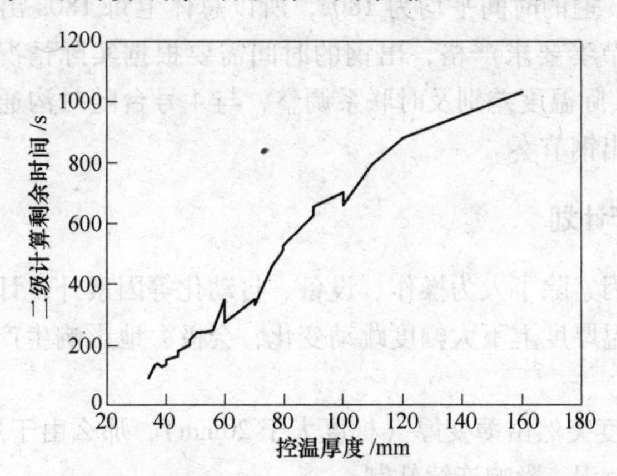

图 5-2 控温厚度与二级计算剩余时间关系曲线

总结出出钢时机的经验公式如下：

$$t_{前} = t_{后} + t_{RM} + t_{出钢} - 110 \tag{5-1}$$

式中，$t_{前}$ 为当前最后一块控温的钢板显示的剩余时间；$t_{后}$ 为将要轧制的钢板的预计控温时间；t_{RM} 为粗轧机轧制钢板的时间；$t_{出钢}$ 为加热炉出钢到粗轧机前的时间。

根据查图 5-2 曲线上的时间（或预计算钢板控温时间），带入式（5-1），计算出当前控温的钢板的时间 $t_{前}$，当线上最后一块钢板的控温时间降到 $t_{前}$ 的数值时即为下一块钢的最佳出钢时间。此式只用于前一块控温厚度大于后一块控温厚度的情况，避免太早出钢出现钢板终轧温度过低。

（3）当控温厚度由薄到厚时，控温时间由少到多，保证粗轧机连续无空转轧制的方法出钢即可，直到辊道摆满为止，再根据精轧情况延缓出钢。

5.1.4 矫直机为轧制节奏的主要制约因素

5.1.4.1 矫直机成为主要制约因素的原因

这种情况 t_{HPL} 为最大值，一般出现在轧制强度高并且需要水冷的钢板时，例如管线钢，36E 级船板以及其他性能或板形要求严格的产品。原因如下：

（1）这些特殊品种钢终轧长度大于 20m，轧完后都要求 ACC 或 UFC 水冷，水冷时辊道速度慢，并且水冷后的板形不好，矫直机需要矫直 3 遍才能满足板型要求，矫直时间长，平均时间 $t_{HPL}=180s$。

（2）根据前面所述，t_{RM} 平均为 150s，精轧机轧制时间最大 120s。由于厚板轧制控温时间长，一般多块同时控温，所以控温时间不是制约因素。

综上所述，t_{HPL} 为最大值，即矫直机为主要制约因素。

5.1.4.2 节奏控制

这种情况下保证矫直机矫直完毕的同时精轧机轧完即为最大的生产效率。由于特殊品种要求严格的开冷温度，为了保证性能钢板轧完后不在 ACC 前等待入水，所以要保证最大的生产效率，精确控制出钢节奏是必要的。

5.1.4.3 出钢时机

由于矫直机矫直 3 遍的时间平均为 180s，所以总体上每 180s 出一块钢就能够保证最大的生产效率。由于节奏要求严格，出钢的时间需要根据实际情况灵活的控制，观察 1 号、2 号炉钢坯表面实际温度差别及时联系调整，与 4 号台随时沟通了解钢板表面开轧终轧温度，更好地掌握出钢节奏。

5.1.5 合理安排生产计划

影响生产效率的因素除了人为操作、设备、自动化等因素外，计划安排的合理性也是十分重要的原因。控温厚度上下大幅度跳动变化，会极大地影响生产节奏，导致机时产块数少。原因如下。

（1）如果控温厚度突然由薄变厚（梯度大于 20mm），那么由于后一块控温时间过长，会在精轧机前长时间待温，影响连续轧制。

（2）如果控温厚度由厚变薄（梯度大于 20mm），由于后一块待温时间比前一块短，过早出钢会导致后一块达到开轧温度时，前一块钢还没有轧完（或还在控温），所以要延缓出钢，但这样会导致粗轧机空转待钢。

所以，针对上述原因，要做到以下两点。（1）应该尽量将控温厚度一致（上下 10mm 以内）的计划安排在一起，这样基本上可以保证粗轧机与精轧机的连续轧制，增加机时产块数。（2）控温厚度的变化应该尽量遵循逐渐的变化，尽量避免大范围跳动。操作工也可以在工艺规定范围内，适当调整控温厚度，保证钢板轧制间的合理衔接。

5.2 研究成果

从 2010 年 10 月到 2013 年 12 月，公司轧钢丙班连续 5 次打破并刷新轧钢单班生产块数的记录。轧制块数及对应的机时产分别为 205 块、209 块、213 块、219 块、275 块；平均机时产分别为 25.625 块、26.125 块、26.625 块、27.375 块、34.7 块。目前机时产最大块数为 38 块。

5.3　结束语

双机架合理的轧制节奏是既保证生产效率又使钢板终轧温度命中，是保证钢板性能的关键因素。双机架轧制最佳节奏的控制在于 3 号台合理的出钢节奏的把握、操作工熟练的操作技巧、各个操作台与调度室及时的沟通、各台相互之间默契的配合。由于现实生产条件、合同结构等多方面的制约，无法一直实现双机架满负荷快节奏生产，但是只要遵循上述节奏控制的规律就能在现有的条件下充分发挥 4300mm 宽厚板轧机的潜能。只有合理的节奏控制才能增加机时产块数，提高生产效率。相信随着对宽厚板双机架生产的进一步摸索探究，4300mm 生产线的潜能一定会得到更充分的发掘，为公司节约成本、创造更多的效益。

6　4300mm 轧机轧制板形控制方法与优化

6.1　引言

板形控制技术是宽厚板生产过程中的关键技术和难点技术。钢板板形不良的本质是变形不均匀产生的内部应力，当内应力大到一定程度且轧件厚度薄到一定程度时，轧件以波浪、瓢曲、镰刀弯等形式释放应力，称为宏观板形不良，如果内应力较小且钢板有足够的刚度抵抗内应力引起的变形趋势，一般称为潜在板形不良。潜在板形不良的钢板在经过时效、后续加工或某些使用情况诱导下，很可能会转变为宏观板形不良。板形不良不仅会对设备造成冲击、损害，造成设备事故，而且影响钢板质量，甚至造成轧废。下面结合某公司 4300 宽厚板生产的实际情况，分析影响造成板形不良的多种因素，并且结合生产经验提出控制板形的多种措施和功能优化，显著提高了 4300 生产线钢板板形合格率，最终在实际生产中达到良好的效果。

6.2　平直度和板凸度理论

板形是对钢板轧制几何形状的一种描述，包括横截面形状（profile）和平直度（flatness）两项内容。横截面形状由凸度、楔形度、边部减薄和局部高点等参数表示，其中凸度为最重要的参数，平直度用相对延伸差和翘曲表示。板形控制的主要任务就是让带钢的凸度和平直度达到目标值。与板形密切相关的一个重要概念是板凸度，一般所指的板凸度，严格说来，是针对除去边部减薄意外的部分，边部厚度是以接近边部但又在边部减薄区以外的一个点的厚度来代表，板凸度即为板中心处厚度与边部代表点的厚度之差。

在 4300mm 二级板形和平直度控制模型中主要包括辊系弹性变形模型、轧辊热膨胀模型、轧辊磨损模型、辊缝模型等。一般来讲，钢板的厚度越厚，对板凸度变化的容忍度就越高，钢板越薄，对板凸度变化的容忍度就越小。

6.3　4300mm 板形控制手段分析

某公司在弯辊力的大小方面与国内先进中厚板企业相同，弯辊力上限为 400t 左右。但在较大的轧制力及压下量时，特别在 TMCP 高钢级品种钢生产时，为改善钢板力学性能而追求粗轧阶段及精轧阶段的大压下率，个别情况下轧制高钢级宽规格钢板时轧制力能够达到接近 8000t，在精轧前几个道次，弯辊力在控制板凸度能力方面明显不足，钢板在精轧阶段就有明显边浪产生，为改善轧制板形，国内同类型先进企业大都配备 CVC 窜辊装置以弥补弯辊能力不足方面的缺陷，改善钢板的板凸度控制，改善终轧板形，同时在入水装置前配备预矫直机改善精轧后的板形缺陷。该公司 4300mm 轧机在板形控制方面无 CVC 窜辊装置，同时无预矫直机，钢板板凸度的影响因素包括轧辊原始凸度、轧辊磨损、轧辊热膨胀、轧制力、弯辊力等，需要对板形影响因素进行更为细致的研究，才能有效改善钢板板形。

6.3.1　弯辊板形控制技术简介

液压弯辊技术自 20 世纪 60 年代初出现以来，发展十分迅速，目前液压弯辊已成为各种板带轧机上必不可少的设备，液压弯辊技术可分为工作辊弯辊和支撑辊弯辊两种类型，弯辊分正弯和负弯，正弯是指弯辊力使轧辊产生的弯曲方向与轧制力引起的弯曲方向相反，即弯辊时工作辊凸度增大，而负弯是指弯辊力引起轧辊弯曲方向与轧制力引起的弯曲方向相同，即弯辊时工作辊凸度减小。如图 6-1 所示。

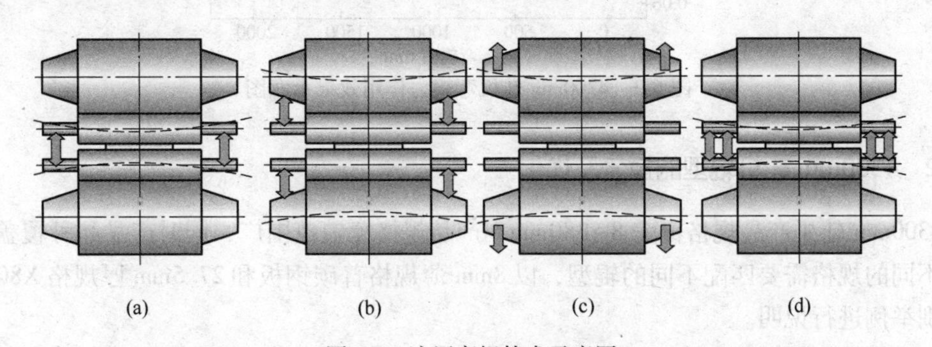

图 6-1　液压弯辊技术示意图

（a）工作辊正弯；（b）工作辊负弯；（c）支撑辊正弯；（d）支撑辊负弯

4300mm 轧机配有工作辊正弯功能，这种弯辊方式常将液压缸装在下工作辊轴承座上，液压弯辊力作用在上下轴承座之间，液压缸同时承担上辊系平衡及弯辊的作用。一般情况下，钢板轧制力越大，轧机辊系在轧制力作用下产生的挠度就越大，钢板就越容易产生边浪，这时就需要弯辊力的作用加以改善，弯辊力的作用如图 6-2 所示。

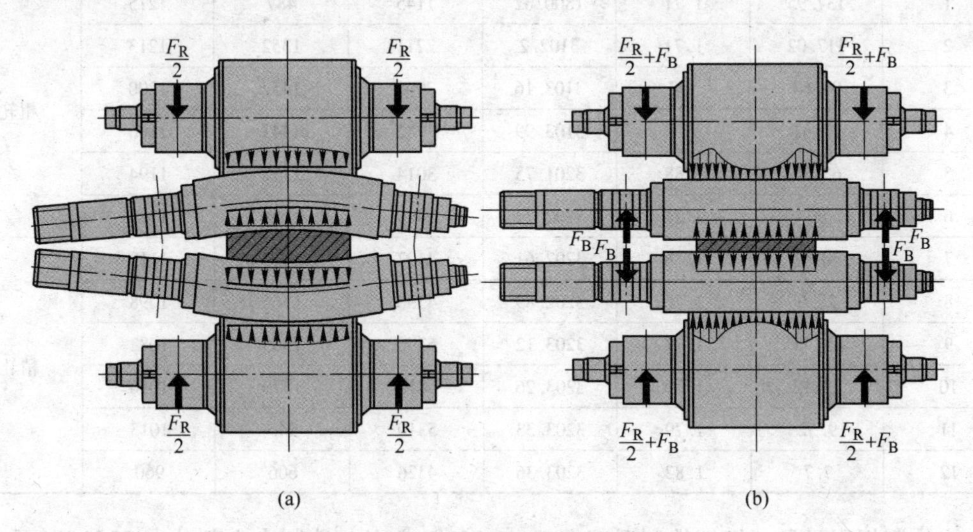

图 6-2　4300mm 轧机弯辊力作用示意图

（a）无弯辊力作用；（b）有弯辊力作用

通过仿真显示，相同弯辊力作用下，宽规格钢板板凸度变化对弯辊力作用更加敏感，相同板宽情况下，弯辊力增加 50t 可改变板凸度 0. 03mm 左右。如图 6-3 所示。

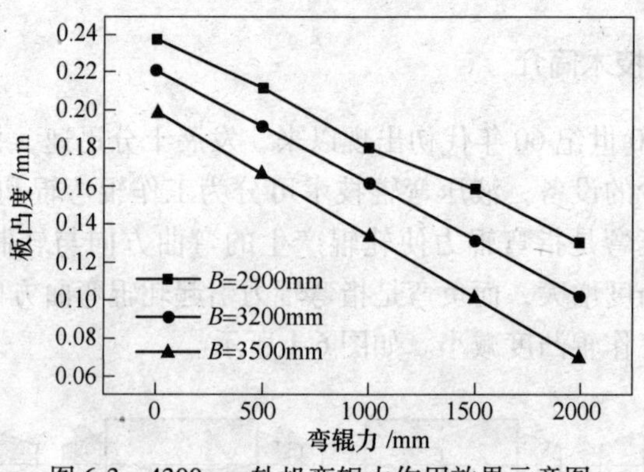

图 6-3　4300mm 轧机弯辊力作用效果示意图

6.3.2　4300mm 轧机辊型的摸索及优化

4300mm 轧机产品规格覆盖 8~380mm，产品规格覆盖范围广，同时产品品种覆盖范围广，不同的规格需要匹配不同的辊型，以 8mm 薄规格普碳钢板和 27.5mm 厚规格 X80W 钢板分别举例进行说明。

由于 8mm 薄板轧制时难度较大，由于 8mm 钢板轧制温度高，钢板薄，轧制力及道次压下量小，轧制过程中易产生镰刀弯，轧成率较低，8mm 规格 Q345B 钢板典型轧制规程见表 6-1。

表 6-1　8mmQ345B 典型轧制规程

轧制道次	计算厚度 /mm	弯辊力 /kN	轧制宽度 /mm	轧制力 /吨	扭矩 /kN·m	计算平均温度 /℃	备注
1	137.95	1.71	1800.82	1145	487	1215	粗轧
2	117.02	1.71	3102.2	2711	1352	1213	
3	96.63	1.7	3103.16	2991	1457	1200	
4	77.61	1.7	3103.99	3182	1443	1196	
5	63.56	1.88	3201.75	3014	1152	1194	
6	50	2.21	3202.24	3449	1205	1174	
7	38.57	1.76	3202.61	4107	1427	1119	精轧
8	28.6	1.76	3202.89	4536	1366	1098	
9	19.73	1.77	3203.12	5296	1385	1082	
10	13.12	1.79	3203.26	5813	1370	1056	
11	9.52	1.79	3203.33	5319	945	1013	
12	7.7	1.82	3203.36	4326	606	960	

由轧制规程可见，钢板轧制温度全部在 1000℃之上，轧制力大部分在 5000t 以下，在这种情况下轧辊扰度偏小，轧辊热凸度占主导作用，钢板易产生中浪，此时轧件在辊缝中处于不稳定状态，易产生横移发生甩完事故。由于市场形势恶化，需要承接多种规格钢板以满足市场竞争的需求，对于 4300mm 宽厚板轧机来说，8mm 钢板轧制主要矛盾是钢板轧成，因此需要严格控制钢板轧制过程中有载辊缝形状，使钢板保持一定的“正凸度”，防

止钢板在辊缝中攒动发生偏载，造成甩完事故，但由于轧制力及压下量均较小，辊系无法产生挠度，这就需要轧辊辊型保持一定的负凸度，因此一般安在辊末期轧制或者工作辊修磨成负凸度上机使用。

选取典型的27.5mmX80W钢板轧制规程见表6-2。

表6-2　27.5mmX80W典型轧制规程

轧制道次	计算厚度/mm	道次压下量/mm	弯辊力/kN	轧制宽度/mm	计算轧制力/吨	扭矩/kN·m	计算平均温度/℃	备注
1	385.84	15.16	1.69	2341.41	2219	876	1175	粗轧
2	366.75	18.03	1.72	3019.95	3477	1572	1173	
3	344.84	21.92	1.71	3021.7	4015	2105	1165	
4	319.89	24.91	1.71	3023.64	4595	2783	1163	
5	296.37	23.46	1.71	3025.41	4480	2707	1162	
6	274.58	21.73	1.72	3027	4240	2461	1160	
7	252.59	21.92	1.72	3028.54	4314	2609	1158	
8	231.6	20.95	1.72	3029.97	4450	2577	1149	
9	217.02	14.19	1.14	3902.03	4569	2113	1152	
10	202.08	14.95	1.94	3902.89	4556	2156	1141	
11	176.31	25.77	3.33	3904.3	4426	2745	1138	
12	150.8	26.13	2.68	3905.62	4947	2984	1135	
13	126.7	24.09	1.76	3906.78	5398	2976	1131	
14	104.5	22.2	1.07	3907.77	5859	2965	1125	
15	93.97	10.53	3.85	3908.21	7669	2883	889	精轧
16	82.66	10.66	3.85	3908.66	7624	2685	889	
17	71.16	11.51	3.86	3909.09	7429	2704	889	
18	60.43	10.72	3.86	3909.46	7678	2701	888	
19	51.38	9.05	3.89	3909.76	7584	2467	888	
20	43.7	7.66	3.89	3910	7397	2177	886	
21	37.23	6.49	3.89	3910.18	7349	2002	878	
22	31.95	5.26	3.88	3910.32	7089	1773	866	
23	28	3.95	3.88	3910.42	6381	1353	848	

由表6-2可以看出，钢板轧制宽度达到3900mm，精轧阶段变形温度均在900℃以下，各道次轧制力基本在7000t以上，弯辊力使用以达到设计的最大弯辊力390t，生产过程中发现，由于轧制力偏大，即使弯辊力在最大设定值的情况下，钢板板凸度仍不能得到有效控制，其暴露的问题是在较大轧制力的情况下，弯辊力控制能力有所不足，在这种情况下，需要通过控制支撑辊和工作辊原始辊型加以改善。

针对轧制薄规格和厚规格钢板对工作辊、支撑辊原始辊型的不同需求，4300mm生产线选取了灵活的配辊制度以应对品种规格日益增加对板形控制方面日益提高的需求，见表6-3。

表 6-3　支撑辊配辊制度优化

	辊型设计	
	支撑辊辊前期	支撑辊中后期
支撑辊	+0. 1mm	+0. 1mm
工作辊	-0. 05mm	0mm

支撑辊辊型选取为+0. 1mm，主要为轧制量较大的厚板、品种钢考虑，增加其板形板凸度控制能力，在生产量较小的薄规格钢板如 8mm 时，集中安排在-0. 05mm 的“负凸度”工作辊辊期内轧制，以保证其轧成率。

图 6-4 所示为工作辊轧制示意。采用工作辊凹辊轧制钢板时，轧件两侧到向内的力作用，在该力的作用下，钢板在有载辊缝的作用下能否防止钢板在辊缝中发生横向移动，有效防止叠钢事故的发生。

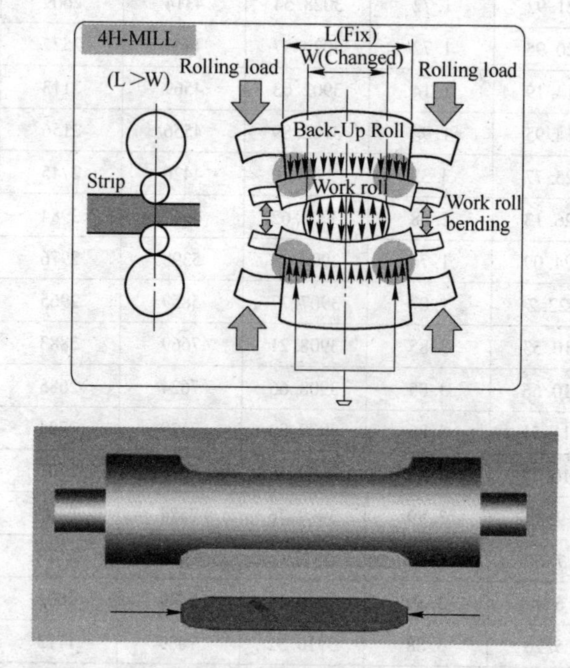

图 6-4　凹辊轧制示意图

支撑辊采用“正凸度”辊型轧制，板凸度控制能力显著增强，这是因为支撑辊存在一定的凸度时，工作辊正弯的弯辊力作用在工作辊轴承座上，其有效作用的“力臂”更长，对工作辊挠度的改变效果更明显，从而对板凸度控制的能力也更强，采用“正凸度”弯辊力的作用效果如图 6-5 所示。

6. 3. 3　4300mm 辊型优化的数值真分析

在相同的弯辊力作用下，采用正凸度弯辊力对钢板板凸度控制能力更强，如图 6-6、图 6-7 所示。可以看出，在轧制同样规格的钢板时，采用相同的弯辊力，采用凸辊支撑辊

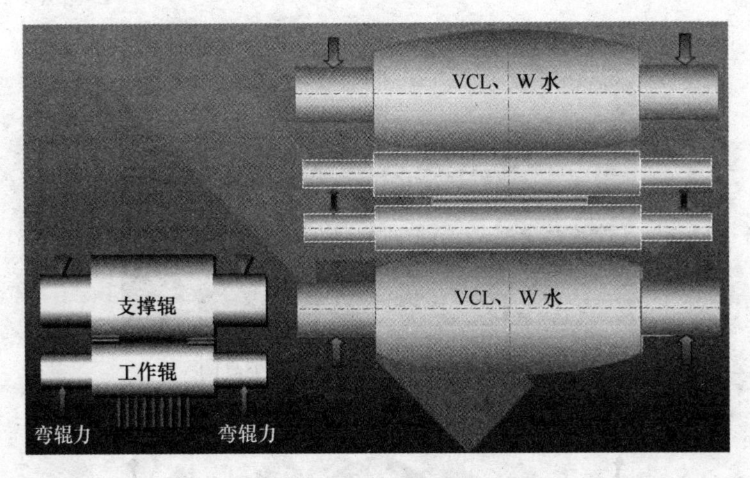

图 6-5 “正凸度”支撑辊示意图

轧制的钢板板凸度比采用平辊轧制的钢板板凸度有明显降低，且图中规律显示板凸度和弯辊力呈线性关系。

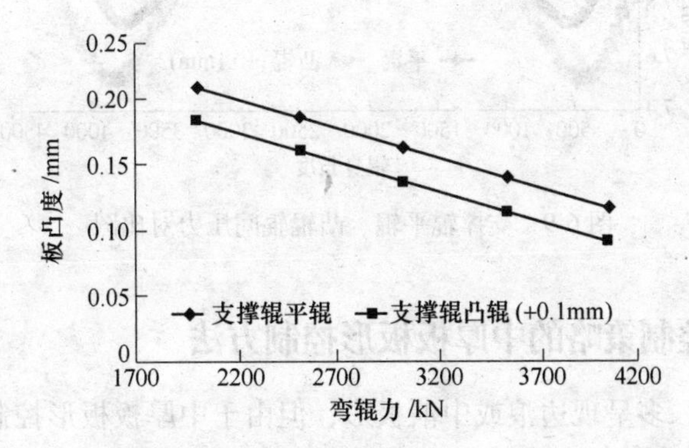

图 6-6 21mmX70 使用平辊支撑辊与带凸度支撑辊板凸度对比

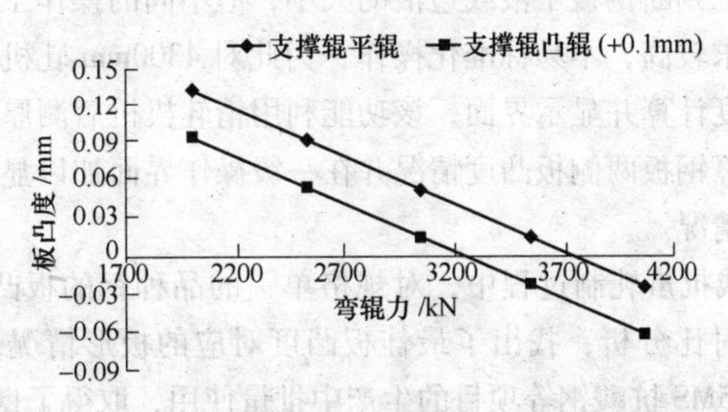

图 6-7 27. 5mmX80 使用平辊支撑辊与带凸度支撑辊板凸度对比

支撑辊采用平辊，在轧制过程中支撑辊辊肩和工作辊辊肩是受力集中的位置，如图 6-8、图 6-9 所示。在这种轧制状态下，辊肩部位容易磨损，造成轧辊损坏，如轧辊损坏损失会比较严重。通过模拟计算可知，采用凸辊后，辊肩压力明显降低，有利于防止支撑辊损坏和延迟使用寿命。

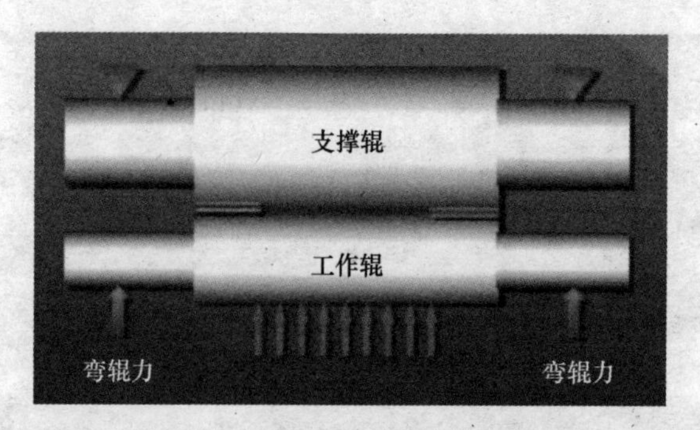

图 6-8 支撑辊平辊辊肩受力示意图

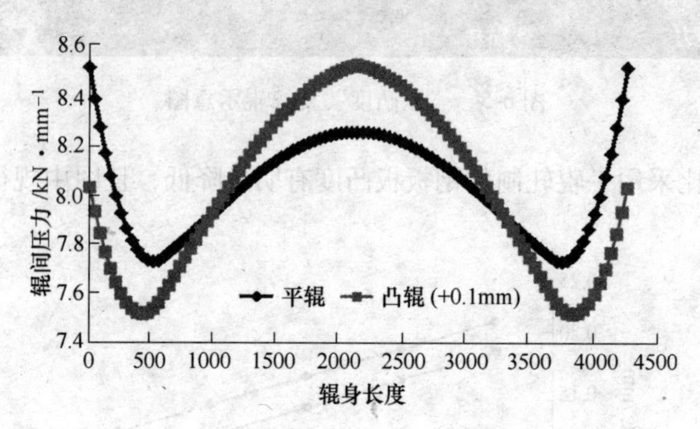

图 6-9 支撑辊平辊、凸辊辊间压力对比图

6.4 基于板凸度控制策略的中厚板板形控制方法

在钢板的板形中，多呈现边浪或中浪板形，但由于中厚板板形控制无板形仪或凸度仪等板形检测手段，板形控制概念较抽象，现场执行过程中无法量化执行，需要操作工观察钢板的板形情况，人工判断钢板中浪或边浪的大小，但不同的操作工经验不同，判断标准也不同，对操作工要求较高，不易标准化操作，为此对 4300mm 轧机自动化系统进行了优化，增加了在线板凸度计算并显示界面，该功能利用精轧机机后测厚仪在线测量钢板三点厚度的功能，自动计算钢板两侧板凸度情况并在一级操作界面加以显示，操作工可以根据板凸度情况判断板形情况。

在 4300mm 生产线批量轧制过程中，对规格单一的品种钢的板凸度情况进行了研究，并与板形情况进行了对比分析，找出了最佳板凸度对应的板形情况，在合同量较大的某 X70 管线、某项目 X65MS 抗酸钢等项目的生产中批量使用，取得了良好的效果。

6.4.1 举例 1

供 X65MS 抗酸管线钢合同量 2.2 万吨，该合同主要厚度规格为 12.5mm，生产过程中对影响钢板板凸度的主要因素如终轧道次压下量、精轧道次数量、弯辊力使用、钢板终轧板凸度与钢板板形合格率的对应关系进行了分析研究，得到了如下结论：

在其他参数不变的情况下，采用精轧 5 道次时板形合格率较高且比较稳定。精轧 6 道次时板形合格率有高有低，波动较大。

在其他参数不变的情况下，终轧压下量大，钢板板形合格率相对较高。终轧压下量和精轧道次有直接的关系，道次越少，终轧压下量越大，所以该分析结果与精轧道次对钢板影响结果相同。

针对弯辊力对板形的影响做实验，选取一个辊期内，其余参数不变的情况下，研究弯辊力对板形的影响情况，根据现场板形情况和收库情况，发现弯辊力越小，板形合格率越高。上面图表为选取的弯辊力试验的典型事例。因此，从 12 月 22 日开始，弯辊力采用平衡力，板形合格率稳定在 70%以上，平均合格率 86%。

板凸度越大，板形合格率越高。板凸度低于 0. 2mm 时，板形合格率在 70%以下。板凸度大于 0. 2mm 时，板形合格率在 70%以上。其中板凸度在 0. 3mm 时，板形最好。但后续生产中，板凸度一直未能达到 0. 3mm，因此板凸度一般按照 0. 2~0. 3mm 控制。

由于精轧道次数量、终轧道次压下量、弯辊力使用均是板凸度的影响因素，精轧道次数量少，道次压下量越大、弯辊力使用越小，钢板的板凸度越大，钢板的板形合格率情况越好，针对几个影响因素分析的规律均一致，即板凸度达到 0. 2~0. 3mm 时板形情况最佳。如图 6-10~图 6-14 所示。

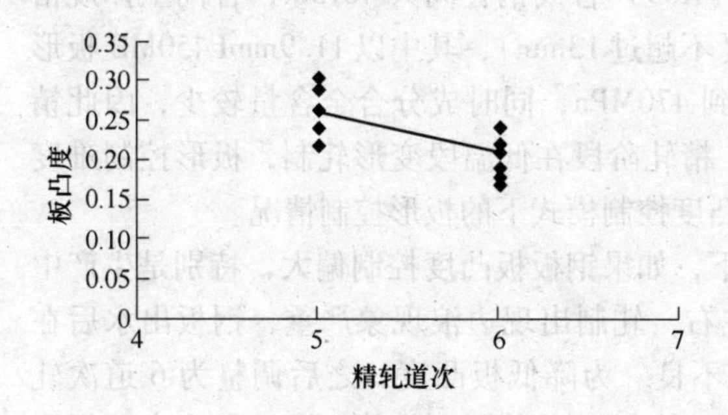

图 6-10　精轧道次和板凸度的关系

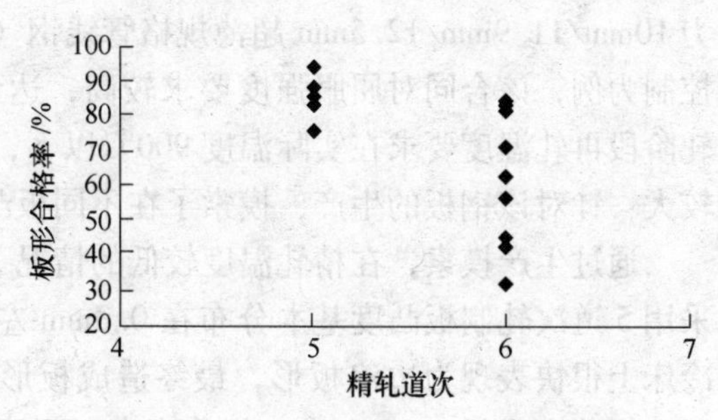

图 6-11　精轧道次和板形合格率的关系

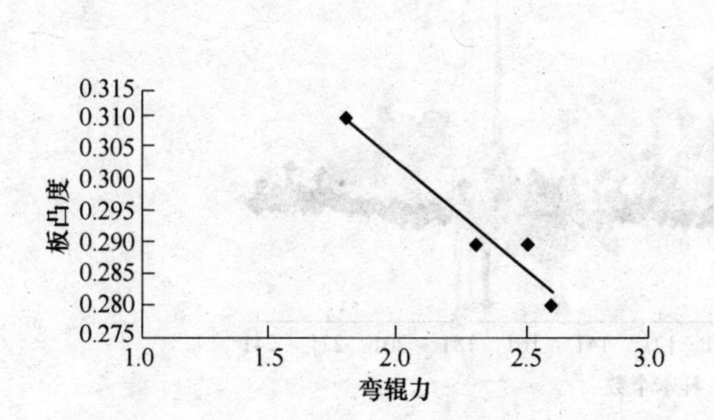

图 6-12　弯辊力与板凸度对应关系

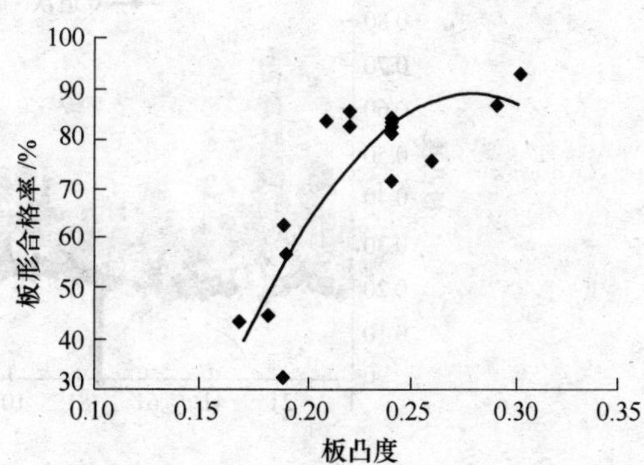

图 6-13　12. 5mmX65MS 板凸度与板形合格率对应关系

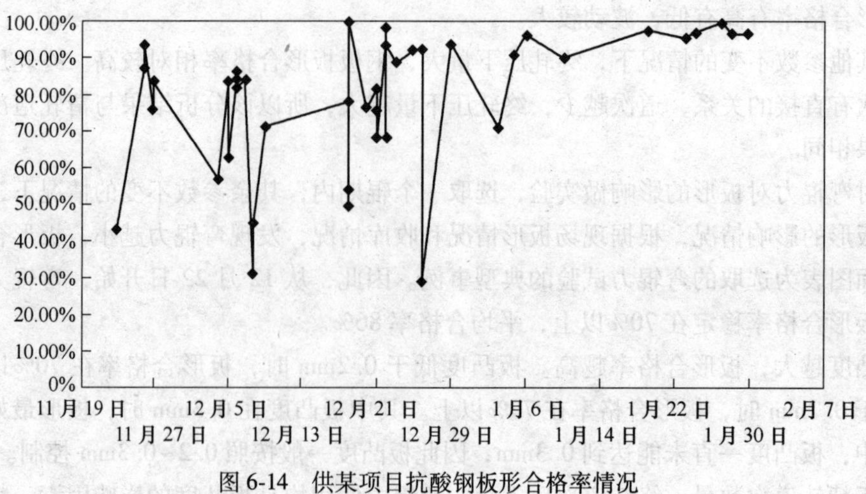

图 6-14　供某项目抗酸钢板形合格率情况

6.4.2　举例 2

2013 年公司承接供某厂薄规格 L450MB（X65）管线钢合同共 40738t，合同主体规格为 10mm/11.9mm/12.5mm 超薄规格管线钢（不超过 13mm），其中以 11.9mmL450MB 板形控制为例，该合同对屈服强度要求较高，达到 470MPa，同时成分合金含量较少，因此精轧阶段再轧温度要求在实际温度 900℃以下，精轧阶段在低温段变形轧制，板形控制难度较大，针对该钢板的生产，摸索了在不同板凸度控制模式下的板形控制情况。

通过生产摸索，在精轧温度较低的情况下，如果钢板板凸度控制偏大，特别是生产中采用 5 道次轧制板凸度基本分布在 0.3mm 左右，轧制出现边浪现象严重，钢板出水后在冷床上很快表现为边浪板形，最终造成板形不良。为降低板凸度，之后调整为 6 道次轧制，板凸度降低 0.05 左右，板凸度有所下降，轧制板形大幅度改善，钢板在冷床上板形情况平直。如图 6-15~图 6-19 所示。

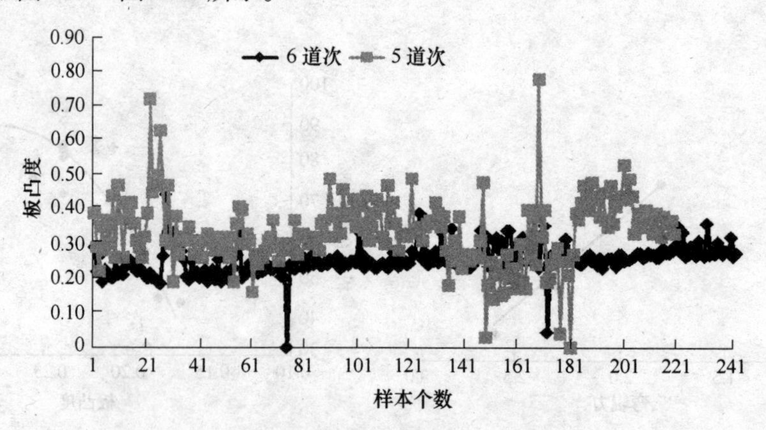

图 6-15　不同轧制道次对应板凸度

以上板形控制方法均是在 4300mm 轧钢生产线上总结得出，并根据生产实际经验结合优化自动化程序使钢板板形控制得到进一步提升，进而使轧钢操作得到进一步完善。

(a)

(b)

图 6-16　5 道次、6 道次板形对比

（a）5 道次；（b）6 道次

图 6-17　5 道次、6 道次冷床板形对比图

图 6-18　优化板凸度后板形效果一

图 6-19　优化板凸度后板形效果二

7　板坯热切熔瘤对钢板质量的影响及对策

7.1　引言

在连铸生产过程中，对红热状态下的连铸坯实施在线火焰切割倍尺坯时，熔化的钢液黏附于切口两边，产生钢坯热切熔瘤，冷却后焊合很紧密。而倍尺坯运至外围库分切时产生的熔瘤由于温差过大（钢坯此时为冷态），在切口处与钢坯的黏着力很小，很容易清除。

公司目前清理冷切渣瘤的方法是用凿子剔除，用这种方法来清除热切熔瘤是非常困难的，只能用火焰清理，而公司目前不具备这种能力，所以长期以来一直带着熔瘤生产。热切熔瘤在之后的钢坯加热、轧制阶段，虽然经过加热炉的燃烧和高压水的冲刷过程，但仍然不能完全除去，这就可能对轧制后的钢板表面质量造成了很大影响（形成表面结疤）。为了证实这一问题，以减少钢板的结疤缺陷，组成攻关小组，通过现场跟踪，并从不同的轧制方式入手对其进行了研究。

7.2　问题的提出

近期，在原料板坯上表面棱边处发现热切熔瘤有严重化趋势，引起了质检人员的极大关注，对此攻关小组对这一情况进行了跟踪调查。

熔瘤情况：棱边处发现厚度约为3~4mm的热切熔瘤，面积区域在板坯表面棱边处向内30~50mm呈波浪状分布。如图7-1所示。

图7-1　钢坯火切熔瘤

7.3　分析问题

厂用钢坯为公司提供的连铸倍尺坯，在连铸坯生产的过程中需要对连铸坯进行在线火焰切割，如图 7-2 所示，由于切割温度较高，一部分的熔化渣瘤附着在板坯上表面切口处，没有得到及时的清理，运进厂内得到如图 7-1 所示的坯料。

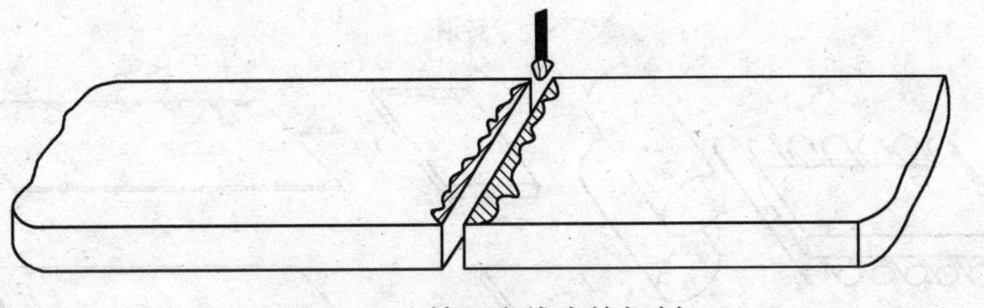

图 7-2　连铸坯在线火焰切割

这样的坯料在经过炉内加热后，表面的熔瘤会发生一定的烧损，但不一定得到消除。从加热炉出来板坯会有以下两种输送方式。

(1) 第一种方式是熔瘤在尾部位置（正常切坯情况）。板坯在进入轧机前，在辊道上的传送方式如图 7-3 所示。

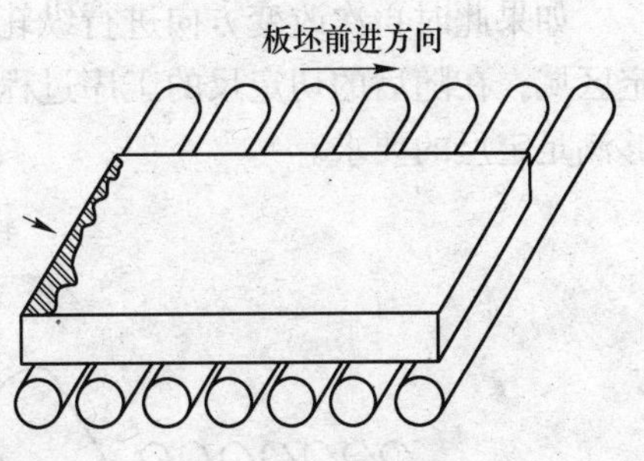

图 7-3　熔瘤在尾部

此种情况的特点为：因熔瘤与钢坯表面存在一定的间隙，如图 7-4 所示，只是熔瘤根部与钢坯有所粘连，高压水能进入间隙当中，又高压水嘴向后有一个 15°的倾角，在经过一次除鳞的过程中，因钢坯与高压水是相对运动，形成的“水铲”加大了水的冲击力，在高压冲刷的作用下，熔瘤容易剥落。这样在后续轧制的过程中可以减少结疤缺陷出现的几率。即使没有将表面的熔瘤除净，在后续的轧制过程中，通过工作辊第一道次的压下作用也会将熔瘤“压死”在钢板的最尾端，如图 7-5 所示。

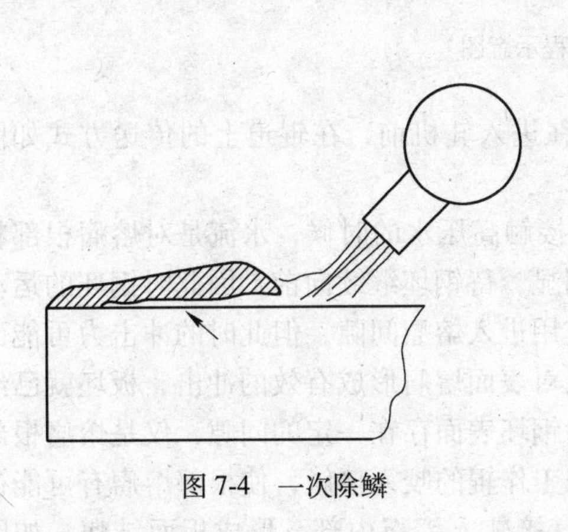

图 7-4　一次除鳞

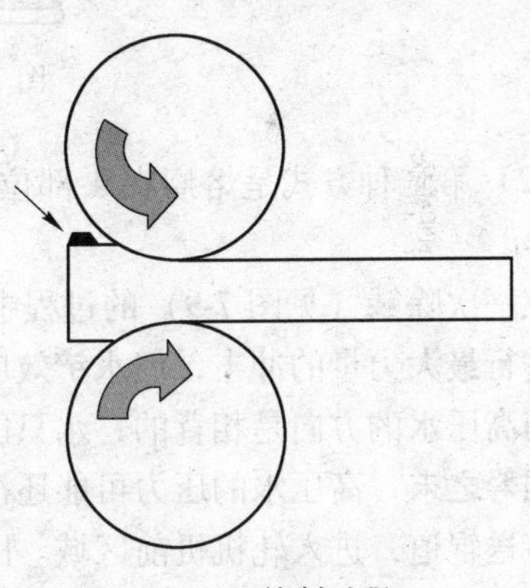

图 7-5　轧制过程

如果接下来的道次不经过横轧，直接纵轧下去的话，那么熔瘤都会被死死定在尾部靠后的区域，这样在随后的切定尺的工序过程中，只要让出尾部一定区域进行剪切，同样能够满足定尺要求。结疤缺陷便能得到有效的消除。

如果接下来的工序安排为横轧，如图 7-6 所示，那么在旋转 90°后，熔瘤会在钢板边部的位置出现，这时如果不变方向一直横轧下去，熔瘤就会始终保证在钢板的边部位置，这样在随后的切定尺工序过程中，只要让出边部一定区域进行剪切，同样也能够满足定尺要求。

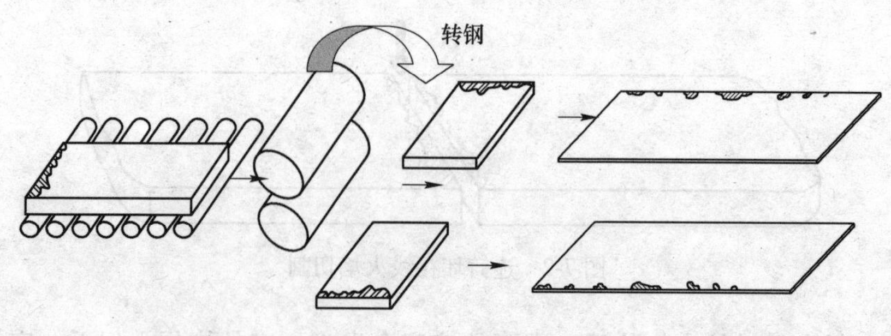

图 7-6　横轧过程示意图

如果此时再次改变方向进行纵轧，如图 7-7 所示，那么熔瘤位置就会在头部或尾部一定区域，在随后的切定尺的工序过程中，只要让出头或尾部一定区域进行剪切，同样也能够满足定尺的要求。

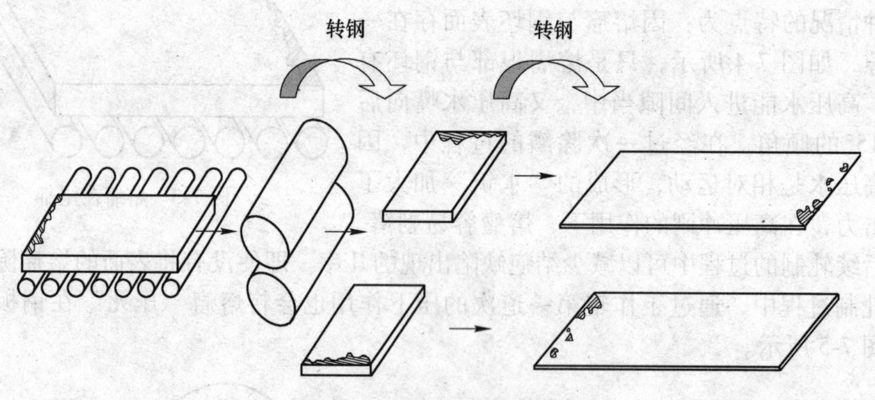

图 7-7　纵轧过程示意图

（2）第二种方式是熔瘤在头部位置。板坯在进入轧机前，在辊道上的传送方式如图 7-8 所示。

在一次除鳞（见图 7-9）的过程中，刚开始接触高压水的时候，水流是对熔瘤根部粘连点进行最大力量的冲击，但水铲效应不会很明显，待钢坯继续向前，因此时钢坯的运动方向与高压水的方向是相背的，水只能靠反流作用进入熔瘤间隙，但此时的冲击力可能已经是强弩之末，高压水的压力可能还没有来得及对表面熔瘤形成有效的冲击，板坯就已经随着传送辊道，进入轧机机前区域。因为熔瘤与钢坯表面存在一定的间隙，仅是熔瘤根部与钢坯有所粘连，在二次除鳞的作用下，以及与工作辊的咬入接触，使根部熔瘤有可能被剥落，但还没有来得及被水吹远，即被工作辊直接轧入钢板内部，形成板面结疤，如图 7-10 所示。

（3）第三种方式是熔瘤在侧边部位置。此种方式主要针对于极少数的横切坯。当在对倍尺坯进行火切分割的过程中，从倍尺坯的一段开始进行切割，有可能到另一端时的尺寸不能保证要求，那么在这种情况下而采用横切坯的形式来进行切割，如图 7-11 所示。

在炉内加热的位置及出钢后经一次除鳞、二次除鳞、轧钢的示意图如图 7-12 所示。

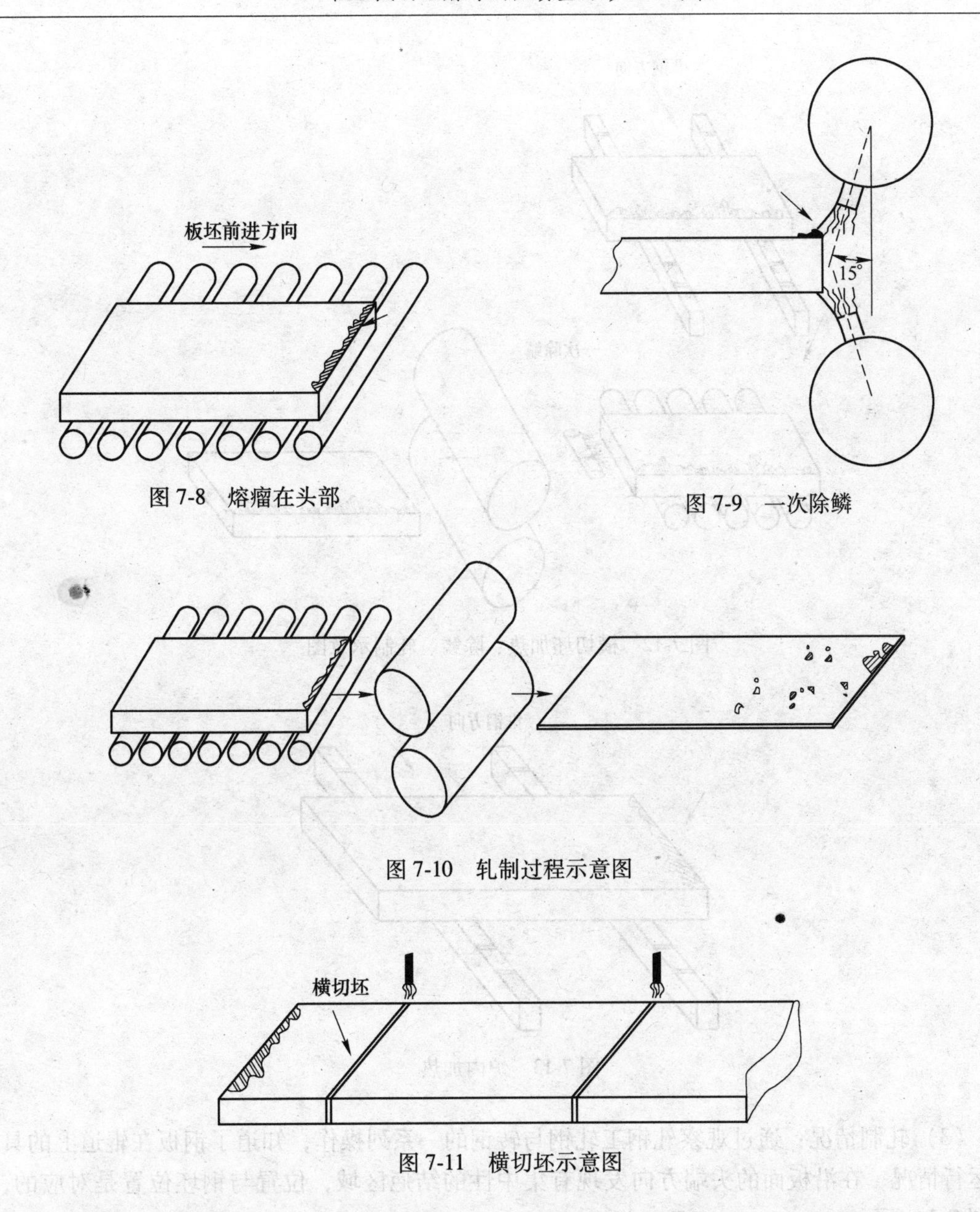

图 7-8　熔瘤在头部

图 7-9　一次除鳞

图 7-10　轧制过程示意图

图 7-11　横切坯示意图

由图 7-12 可知，出炉后经一次除鳞，板坯侧边部位的熔瘤有可能并没有完全清理干净，在随后的二次除鳞及轧制的过程中，熔瘤在第一次经过轧机时即被直接轧入板面侧边部位，不管以后是否经过横轧，熔瘤都会保留在边部位置，在切边时，只要让出边部缺陷范围同样也能满足尺寸要求。

基于对上诉原因的分析，有针对性地进行了以下的追踪调查。

（1）钢坯情况：批号 D060438 和 D060440；炉号 1H0820312；钢种 Q345B；尺寸 217mm×1800mm×1950mm。

发现钢坯边部有火切熔瘤（见图 7-1），为了弄清这种情况对钢板表面质量的影响，对板坯表面没有做任何的处理，记好位置后直接入炉。

（2）入炉及除鳞情况：两块坯料分别入 1、2 道进行加热，熔瘤位置如图 7-13 所示。

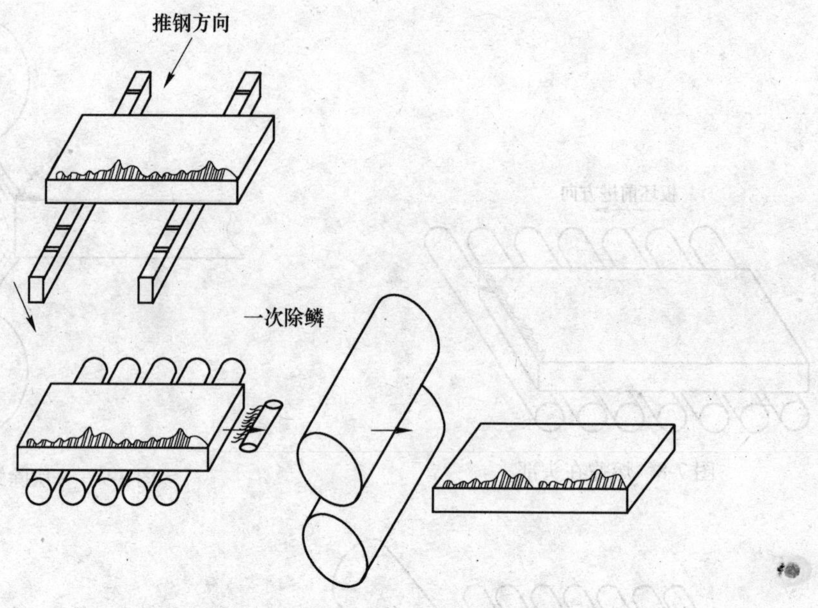

图 7-12　横切坯加热、除鳞、轧制示意图

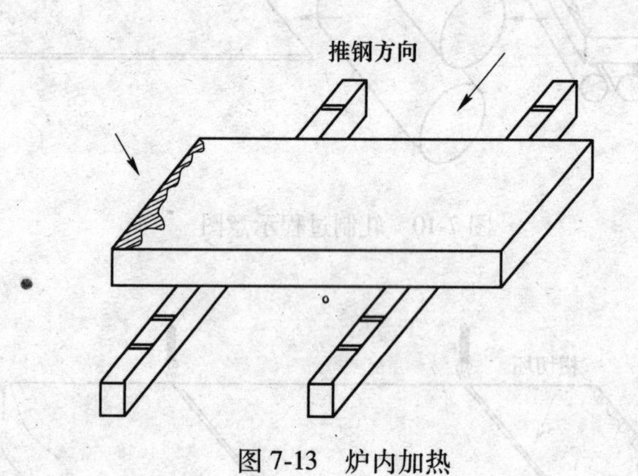

图 7-13　炉内加热

（3）轧制情况：通过观察轧钢工轧钢与转钢的一系列操作，知道了钢板在辊道上的具体运行情况，在沿板面的头端方向发现有集中性的结疤区域，位置与钢坯位置是对应的，如图 7-14 所示。

这正好与前面第一种方式进行轧制的推论相符合。

由此能够断定以下几点情况：

（1）坯料在加热的过程中，表面的熔瘤会发生一定的烧损，但不一定完全得到消除，仍可能以小颗粒的形态黏附于钢坯上，经两次除鳞后依然没有得到消除。

（2）在随后的辊道传动过程中，钢坯会产生一定的跳动，撞到导向板后，造成部分黏附熔瘤颗粒脱落并被轧机工作辊直接压入钢板。在采用第二种方式轧制的过程中，如果钢坯在传动时跳动过大或在熔瘤黏附并不紧密的情况下，颗粒状的熔瘤很可能跳动到钢坯的中部等其他的区域，此时轧制就会在某些不定位置处产生结疤，从而影响钢板的表面质量，当其体积过大甚至造成钢板修磨后的尺寸不合时，那么就会给公司造成一定的经济损失。

图 7-14　轧后钢板表面结疤

7.4　解决办法与建议

基于对上诉问题的探讨，提出以下几点建议：

（1）坯源。在对连铸坯进行在线火焰切割的过程中，要及时地清理表面的火切熔瘤，保证倍尺坯料的表面质量，为后续加工打下基础。

（2）钢坯入炉前认真清查，如发现火切熔瘤，则可将熔瘤位置尽量安排在远离轧机的位置，即采用第一种情况布置，这样在除鳞和第一次过轧机的过程中可将熔瘤除去或压死在钢板端部，减小其影响钢板质量的可能。

（3）对轧制时会出现在边部位置的熔瘤板坯，在轧制的过程中适当增加宽展量，让出缺陷区域的宽度。轧制完成后及时与圆盘剪、定尺剪联系，圆盘剪和定尺剪剪切时，尽量增加熔瘤压入端的剪切量，这样就有可能将熔瘤部分切除掉，或采用下线火切的方式进行，防止因沟通不及时和操作不合理而引起钢板转普的情况发生。

7.5　结束语

经过多次跟踪试验，结果表明上述分析是正确的，只要在上料和轧制过程中密切关注熔瘤在钢坯上的位置，并采取相应措施进行控制，是能够将板面遗留的结疤控制在可切除的范围之内，从而保证产品质量的。

8 薄规格极限钢板的轧制

8.1 引言

2015年2月，因承接出口迪拜船板45块76.32t，合同规格为6mm×3000mm×12000mm。钢种为LRA轧制长度小于26m，由此单合同开始了公司6mm轧制摸索的进程。至今，公司先后多次轧制6mm极限规格，由普通钢种Q235级别到轧制Q500q的级别，轧制宽度目前已经突破至3500mm，并且已经实现了批量轧制，板形合格率一检达到了90%以上，现将6mm轧制攻关过程做一简单梳理总结。

8.2 坯型的合理选配

在2015年2月开始试轧选坯时，利用反推及加热炉的设计能力要求，根据轧机特性及轧制过程的温降，计算出轧制时所需钢坯尺寸115mm×1800mm×2700mm，根据开坯尺寸推算冶炼钢坯原始尺寸250mm×1800mm，采用直接纵轧开坯的单一模式，至今日已经可以根据合同要求及前期轧制经验的积累，实现开坯厚度115～130mm，开坯宽度1400～1800mm，限定钢坯长度不超过3500mm。冶炼大单重钢坯开坯，火切实现花切的模式，这样既满足了加热、轧制的要求，同时也提高了钢板的成材率，减少了能耗。

8.3 辊期的合理化固化

因4300mm轧机无CVC窜辊装置，要想获得好的板形、尺寸和轧制过程的稳定，必须选择合理的辊型，通过长期轧制摸索，根据轧制计划的安排选择合理的辊期排产，支撑辊辊期安排在2～6万吨之间，工作辊辊期安排在2500～4000t之间，工作辊辊期考虑400mm板坯轧制厚板对工作辊里程影响的因素，400mm板坯吨数按50%计算，轧制里程25～35km之间，这样辊期的安排保证了轧制压下量和辊缝的合理排布。

8.4 计划的合理设置

前期因加热炉内轧制6mm前后钢坯规格跨度大导致加热烧钢困难、钢坯心部温度不均现象，后期在计划专业的努力下制定出了合理的计划排布。

6mm前安排宽窄合理计划，尽量减少安排厚规格钢板，6mm前后安排180mm钢坯，同时安排10块左右8～9mm相近宽度钢板铺垫。

8.5 加热

随轧制宽度及钢种级别的不断延伸原规定的加热制度已经不能满足轧制的需求，经过与技术科轧钢专业、品种专业及指挥中心加热专业沟通制定了新的加热制度。

(1) 钢坯集中入炉，出炉温度由原来的1280～1290℃提高至1300～1310℃，目标1310℃。

（2）为防止钢坯塌腰，采取3（4）加前低温加热，3（4）加后提温，均热段缓慢加热的方式，出现10min以上停机或保在炉情况采取炉内踏步措施（或步进梁抬平），在炉时间超出240min及时联系专业。

8.6 轧制

经过长期轧制经验的积累和摸索，通过轧制后的质检检验情况固化了轧制工艺。

8.6.1 轧前准备

（1）开轧前，精轧机处接好割枪（2把），矫直机处接好割枪，消防水带备于精轧机前传动侧，27号、37号车司机就位，维检中心人员就位。轧前调度室应及时疏通好冷床，避免因冷床满而导致轧制不连贯。

（2）关闭所有辊道冷却水，粗轧辊身水调整到70%。关闭精轧机前、机后侧吹，关闭粗轧二次除鳞及二次除鳞预冲水。

（3）采用一次除鳞机双集管除鳞，辊速设定为1.2m/s。

（4）轧前关闭AGC、DPC，根据实际压下量调整扭矩。

（5）各班组必须由经验丰富人员操作，预备4台对讲机，并提前把对讲机充好电。

（6）钢板过矫直机后方可要下一块钢，在此节奏下，如钢板出现打滑咬不进钢时，可以进行适当挽救。轧制稳定后可提高要钢节奏，要钢节奏较快时，出现异常不进行挽救，采取放钢改轧。

8.6.2 轧制规程的固化

根据不同的轧制宽度及钢坯长度，6mm可以采用两种轧制方式，为了减少温降6mm采用精轧机单机架轧制，粗轧机不除鳞。精轧机展宽后纵轧第一道次或横轧4道次后除鳞。

（1）展宽比小不需横轧钢板采用展宽轧制，道次排布为1+3+6模式。

精轧机展宽后纵轧第一道次除鳞，道次排布1(成型)+3(展宽)+6(纵轧)，机前放钢。成型道次压下量设定应根据展宽后轧件厚度控制在45~50mm来设定（需提前计算轧制规程来确定），展宽阶段为3道次，为了防止展宽翘钢造成异物压入及损坏设备，展宽最后一道次压下量尽量要小，可调整展宽最大压下量来调整，展宽阶段滑雪板根据翘钢程度设定相应的负值-1~-8，影响长度设定为1.5m。终轧压下量0.5~1.7mm（终轧道次轧制力按2500~3500t控制），倒数第二道次压下量1.2~2.3mm，精轧阶段压下率放开到45%。精轧6道次。

（2）展宽比大直接横轧，道次排布11道次，1+10机前放钢模式，适用于宽度宽、展宽比大的钢板。

第一道次直接终轧展宽，精轧10道次前3个道次根据翘钢情况设定滑雪板为相应的负值-1~-8，影响长度设定为1.5m。精轧第4道次除鳞一次。因钢坯横轧精轧道次长度短易打斜，为了防止钢板终轧出现大斜角，展宽前4个道次必须手动使用对中对正钢板，第5个道次后利用辊道调整钢板斜角再次轧制。

终轧压下量 0.5~1.7mm（终轧道次轧制力按 2500~3500t 控制），倒数第二道次压下量 1.2~2.3mm，精轧阶段压下率放开到 45%。精轧 6 道次。

（3）轧制注意事项：终轧压下量根据钢板轧制宽度及轧制后的板形调整，轧制宽度越宽终轧压下量越小，随着轧制宽度的减小终轧后两道次的压下量应逐渐增加。当终轧压下量调整合理后，随着轧制后期板形的变化可根据板形增加弯辊力，最好不动压下量。

钢板输出板形以轻微中浪为最佳，不能出边浪，轧制边浪后期矫直后到冷床随着温度的降低会加剧边浪，而且边浪钢板冷床拉板过程中会卡链条，双边剪剪切时会出现塌边、挫口等缺陷。

钢板轧制过程中出现甩急弯时应及时改轧，不能强行轧制，避免因甩弯卡轧机现象。

8.7　水冷矫直

（1）ACC 出口到矫直机前输送辊道速度设定 0.5m/s，稳定后可设定 1m/s，采用手动控制。

（2）矫直 3 遍，前倾值设定 3。批量成品宽度 3260mm 轧制宽度 3450mm 左右矫直后在冷床上的板形如图 8-1 所示。

图 8-1　轧制后的板形

8.8　重点关注

展宽比大，轧制宽度宽钢板在选坯时就应考虑钢板横轧，根据前期轧制经验展宽比大，轧制宽度宽钢板展宽阶段翘钢严重，展宽后纵轧时翘起部位刚蹭轧机工作辊导卫板掉肉压入钢板造成异物压入，所以在合同承接后选坯时一定要考虑这个问题。轧制宽度大于 2800mm 时就应考虑横轧。

因钢板横轧要求钢坯长度尺寸必须准确，开坯火切后质检需块块对钢坯进行量尺，成品描号要准确，三级录入实际卡量长度尺寸，加热必须按炉号上料，入炉不能混号。

处理质量异议的关键——为终端客户提供质量服务

9.1　引言

在现实的生产经营活动中，任何一个企业、任何一种产品，都有可能在终端客户的使用过程中出现质量方面的异议，而作为质检员，自然会有很多的机会去直接面对异议的处理。然而，很多企业或质检人员在处理质量异议时不注重对终端客户的服务意识，只是片面地从产品合格与不合格、本公司利益是否受损失的角度去考虑和处理，结果往往是两败俱伤，或者本公司满意了，客户却难以接受，心存不满，这对公司的长远发展来说是非常不利的，尤其销售环境是买方市场的时候，客户会因对你的不满而离开你。

其实，在每一个客户心中都会把供货商按照产品质量、服务质量等指标有意无意地进行分类：首选供货商，可选供货商，应急供货商，不可选供货商等。成为首选供货商才是我们要不懈追求的目标，而利用一切机会为终端客户提供质量服务是实现这一目标至关重要的一环，由此，质量异议的处理也就成了一个敏感而关键的过程，在处理时尽可能地为终端客户提供恰当的质量服务对双方的利益都有着重要的意义。

9.2　终端质量服务在典型质量异议中的实践案例

9.2.1　案例一——钢板卷取加工断裂质量异议

该质量异议发生在锦西某化工设备制造厂，涉及的产品是 Q345B、规格为 60mm×2000mm×9450mm，数量共 9 片，其中 5 片批号为 D030965，4 片批号为 D030966。该厂反映，批号为 D030965 的两块钢板卷取加工后断裂。

面对质量异议，无论是谁去处理，最关键的一点就是首先要抱着公平、公正、是为客户去服务而不是去试图说服客户这样一种心态，平等地与客户沟通，这是对处理人员最基本的素质要求。查询该钢板的所有检验数据后发现，并无任何不合格记录，但钢板在终端客户处的使用情况千差万别，出厂前的检验合格并不代表着在某种特殊的使用条件下一定不会出现问题，因此，科学、严谨的现场调查是非常必要的。

9.2.1.1　现场调查

（1）了解到，该钢板用于制造油罐围板，三块拼焊成一个直径为 9000mm 的完整的圆，单张钢板卷取成弧所对应的圆心角为 120°，如图 9-1 所示。

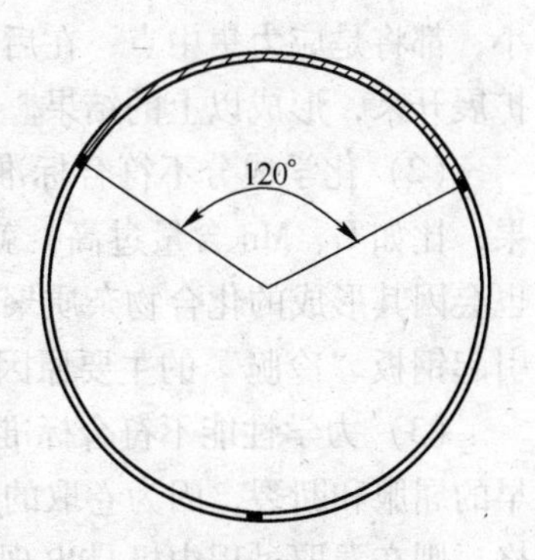

图 9-1　油罐围板

（2）批号为 D030965 的两块钢板卷取加工后断裂的位

置分别如图 9-2、图 9-3 所示。

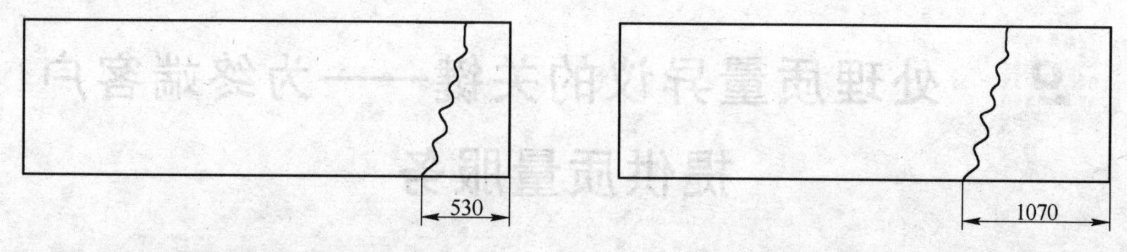

图 9-2　钢板卷取加工后断裂的位置 1　　　图 9-3　钢板卷取加工后断裂的位置 2

（3）其余未加工的 7 块钢板存放于室外露天库，钢板周围被积雪覆盖，当地环境温度为-30℃。

（4）卷取采用三辊卷取机来完成，如图 9-4 所示，但却没有卷取操作工艺，卷取压下量和压下道次全由操作人员凭感觉自行操作；只要最终达到要求的弧度就算完成，检验工具是一块用三合板制作的 1000mm 长弧线检定样板，如图 9-5 所示。

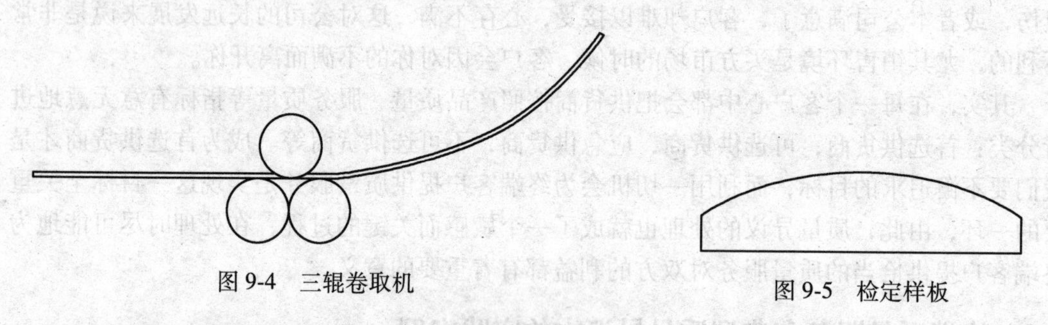

图 9-4　三辊卷取机　　　图 9-5　检定样板

（5）钢板直接由室外运进车间，直接进行卷取操作。

至此，现场调查工作结束。

质量异议的处理者，肩负着双方的利益，既要依据客观事实维护本公司的利益，又有义务通过细致的服务保证客户的利益，因此，凭主观臆断草率地确定造成质量异议的原因是处理过程的大忌，必须在现场调查的基础上，与客户一起平等地、运用科学的方法和态度认真分析产生问题的原因。

9.2.1.2　可能产生卷取加工断裂的原因分析

（1）钢板加工前表面就存在裂纹。如果钢板表面在加工前就存在裂纹，无论裂纹大小，都将是应力集中点，在后续的加工过程中，所施加的外力会集中在该裂纹处，并迅速扩展开来，形成以上的结果。

（2）化学成分不符合标准。如果钢板的化学成分出现异常，也会间接的出现上述结果，比如 C、Mn 含量过高，就会使钢板的强度显著提高，韧性下降。P、S 的含量过高，也会因其形成的化合物杂质聚集在晶界处而使韧性变坏，尤其是 P 的影响最为显著，它是引起钢板“冷脆”的主要原因。

（3）力学性能不符合标准。如果强度指标不合格，那么钢板就容易在卷取的过程中过早的屈服和断裂，因为卷取的过程是下表面受拉应力的过程，伸长率过低或冷弯试验不合格，则在卷取过程中极易出现断裂；冲击指标不合格则说明钢板承受冲击载荷的能力不足。任何一项性能指标的不合适都有可能影响加工结果。

（4）钢板内部存在严重夹杂。钢水在冶炼的过程中如果工艺控制不当，会留下各类型的非金属夹杂物，这些夹杂物会最终表现在钢板中，其实，对于钢材来说，夹杂物就等于微裂纹，在外力作用下，断裂的发生往往就是从夹杂物处开始形成裂纹源，然后逐渐扩展而形成的。

（5）卷取加工压下量、压下道次分配不合理。钢板内部总是不可避免地存在着不同类型和不同程度的缺陷，当钢板受到较大的载荷作用时，钢结构脆性破坏的可能性会增大，因此，卷取加工也要遵循合理的工艺，包括卷取道次和每道次的压下量，让钢板在适应的条件下逐渐成形，急于求成的操作方法会使钢板难以承受巨大的载荷。

（6）产品有点线状不平度凹凸造成某点承压过大。即使卷取工艺没有问题，压下量和压下道次都很合理，但如果在钢板某点存在点线状不平度凹凸，则卷取到该点时会使应力突然增大，造成钢板的断裂，甚至会造成设备的损坏。

（7）钢板温度偏低造成低温脆断。由于钢板中或多或少存在着各种缺陷，由于它们都是微裂纹的根源，又由于低温下钢材的延展性能会下降，所以当温度在0℃以下时，随温度降低，钢板塑性和韧性降低，脆性增大。尤其是当温度下降到某一温度区间时，钢板的韧性值急剧下降，裂纹扩展，出现低温脆断。因此，在低温下工作的钢材应采取适当的保温措施。

至此，原因分析结束。

通过分析，找到了可能造成钢板卷取断裂的几种原因，其中既有钢板本身的，也有客户加工过程中的，如何最终确定主要原因事关质量异议的最终责任判定。对此，有些人往往根据钢板出厂前的检验结果果断地推定就是客户的责任，从而不再提自身的问题。当然，出厂前的检验结果不是不可以参考，但不能作为唯一的证据，因为钢板的几何尺寸很大，每一点的情况不可能完全一样，出厂前取样位置的检验数据合格并不能证明断裂处的检验数据也合格。简单的推断是缺乏科学性和平等性的，客户也不会满意。因此，帮助客户逐一排查，找出主要原因是非常重要的，帮助客户确定主要原因的过程如下。

9.2.1.3　确定主要原因

（1）通过检查，发现钢板断裂处并没有表面裂纹缺陷，排除了由于钢板加工前断裂处表面有裂纹造成卷取断裂的可能。

（2）要求从断裂处取样进行化学成分检验，在断裂处取样位置如图9-6所示。试验结果见表9-1（同一炉号）。

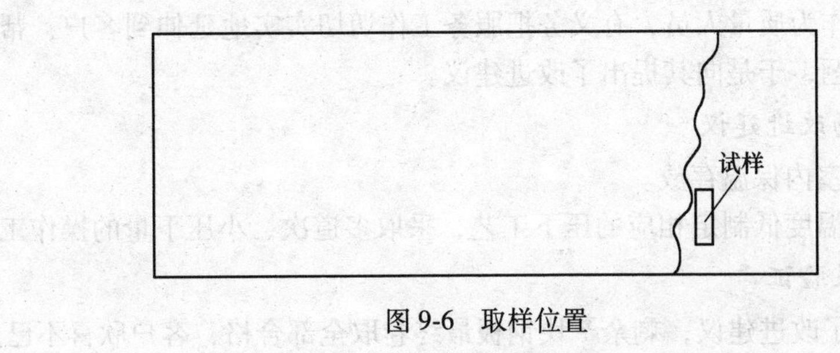

图9-6　取样位置

表 9-1 试验结果 (%)

项目	w（C）	w（Si）	w（Mn）	w（P）	w（S）
标准值	≤0.2	≤0.55	1.00~1.60	≤0.040	≤0.040
试验一	0.18	0.19	1.38	0.036	0.020
试验二	0.18	0.20	1.39	0.035	0.021

从试验上看，没有发现断裂处的成分出现异常。因此排除了因化学成分不合造成断裂的可能性。

(3) 对试样进行力学性能检验，结果见表 9-2。

表 9-2 力学性能检验结果

项目	屈服强度 /MPa	抗拉强度 /MPa	延伸率 /%	冲击功（+20℃） /J	冲击功（-20℃） /J	冷弯
标准值	≥275	470~630	≥21	34	不要求	合格
试验一	340	505	30	47 50 49	27 25 17	合格
试验二	345	510	29	52 50 54	14 23 27	合格

从试验结果上看，该钢板的性能储备值还是非常高的，也就是说，按照 Q345B 的标准来衡量，这批钢板的性能指标是很好很安全的，但不适合于 0℃以下使用。因此排除了性能不合造成断裂的可能。

(4) 超声波探伤检验。经过对问题钢板进行超声波检验，结果显示钢板断裂处无内部夹杂缺陷，排除了由于钢板内部存在严重夹杂造成卷取断裂的可能。

(5) 经检查，钢板表面无点线状不平度凹凸，排除了因此造成局部承压过大发生断裂的可能。

(6) 因卷取加工过程中无工艺规程指导，钢板的受力特点及受力要求没有被考虑，加工过程中的少道次大压下量违背了低温加工规律，是第一个主要原因。

(7) 钢板室外露天存放，周围有积雪，当地最低温度-30℃左右，造成钢板在如此低温下的韧性显著下降，脆性增大，再加上卷取加工前和加工中没有采取任何保温措施，最终造成低温断裂。因为客户制造的设备是在室温下使用的，所以没有采购高级别的钢种，然而，将低级别钢在只有高级别钢才能适应的苛刻环境中加工是非常不利的，因此，低温存放、低温加工是第二个主要原因。

找到的主要原因得到了客户的认可，客户承认以前并不了解这方面的知识。

按照常规做法，事情处理到这一步就应该结束了，作为供货方，质量异议处理任务也应该结束了，但是作为质量人员，有义务把服务工作切切实实地延伸到客户，帮助客户解决加工中的实际问题，于是向其提出了改进建议。

9.2.1.4 现场改进建议

(1) 钢板移至室内保温存放。

(2) 针对冬季温度低制定相应的压下工艺，采取多道次、小压下量的操作工艺。

9.2.1.5 效果验证

最终客户接受了改进建议，剩余 7 块钢板最终卷取全部合格，客户欣喜不已。

9.2.2 案例二——容器罐封头内表面麻点缺陷质量异议

案例中，客户先将原钢板下料成两个半圆，然后对焊成一个完整的圆，再利用旋压机旋压成容器罐的半球形封头，问题就发生在边缘，出现一圈明显的麻点，封头展开及缺陷位置如图 9-7 所示。

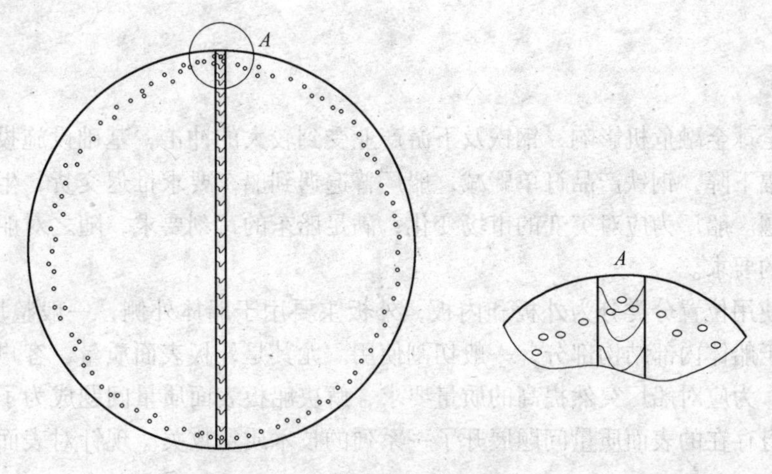

图 9-7 封头展开及缺陷位置

如同案例一中的那样，经过现场调查、原因分析、主因确认，最终找到了造成麻点的原因所在：是因为用于旋压的球体模具上有凹凸缺陷，位置、形状均与封头构件上的麻点一致，并且封头构件焊口处同样出现了同种缺陷，单凭这一点就充分验证了分析结果。

最后，提出改进建议，将球体模具上的凹凸打磨平滑后再做试验，结果麻点缺陷再没有出现，客户非常满意。

9.3 终端质量服务理念在质量异议中实践后的收获

经过诸如案例中的实践过程，拉进了客户与生产厂之间的关系，消除了客户对生产厂的误解，把矛盾变成了一种技术交流，促进了双方的共同提高。这一实践把质量的含义提高到了一个新的层次，它不再是简单的合格与不合格；它把质检的执行标准推进到了“客户满意为最终标准”这一更高水平；它把质检的预防职能扩展到了预防质量异议、预防客户损失这一广义的职能上来；它把客户的不满最终转变为客户发自内心的满意——心悦诚服。

9.4 结束语

海尔成功的秘诀不仅是因为其过硬的产品质量，还有其公认的金牌服务。企业是船，客户是水，实践表明：在处理质量异议的过程中，只要不断地提高自身素质，端正心态，时刻拥有着为终端客户提供质量服务这一意识，就会圆满地处理好问题，赢得客户的满意和对你无怨无悔的选择。如此，对于企业做强做大、扬帆远航才有切实的实际意义。

10　船板表面质量的控制

10.1　引言

由于受全球金融危机影响，钢铁及下游产业受到较大的冲击，基础设施投资减少，钢铁需求量大幅下降，钢铁产品订单骤减，船厂普遍遇到船东要求推迟交货，生产节奏放缓等一系列问题。船厂为应对突变的市场变化，满足船东的苛刻要求，随之对船板表面质量提出了更高的要求。

船板从使用位置分类分为外板和内板，外板主要用于船体外侧，一般整块焊接使用；内板主要用于船体内部结构部分，一般切割使用。尤其是外板表面质量，客户提出了近乎苛刻的要求。为应对船厂突然提高的质量要求，解决船板表面质量问题成为了一个工作重点，针对自身存在的表面质量问题展开了一系列的技术质量攻关。现针对表面粗糙情况进行重点分析。

表面粗糙这类表面缺陷由韩国现代重工最先提出，称为“mill scale pattern”，缺陷抛丸后借助强光可见，基体表面呈水纹状凹凸不平，深度在 0.1mm 以下（典型缺陷照片如图 10-1 所示），船板喷漆后表面缺陷程度加剧，严重影响用户使用，且外板比内板要求更加严格，后期基本不允许存在此类缺陷。

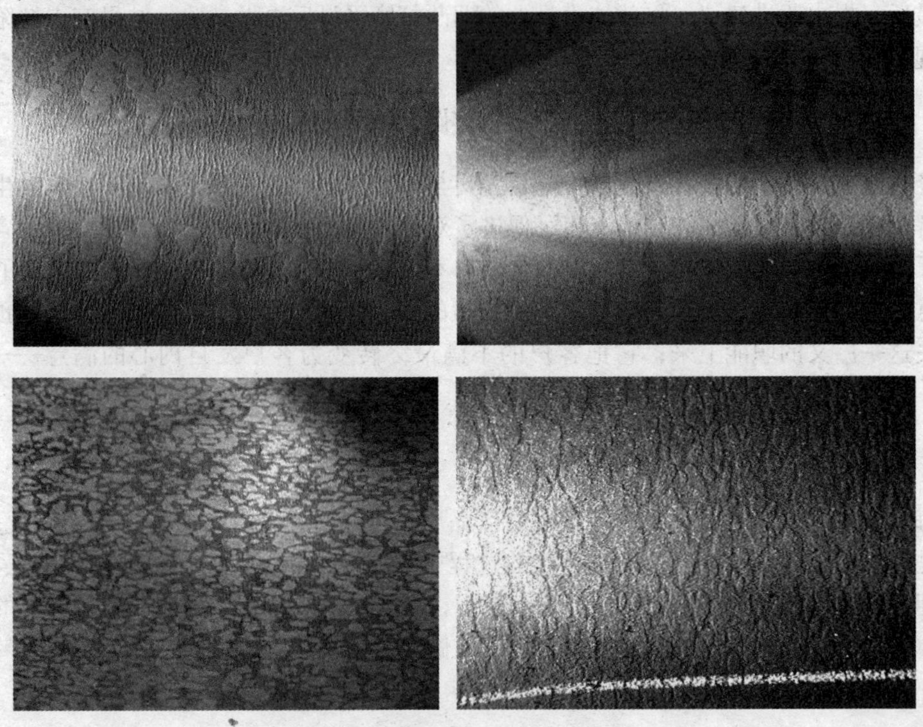

图 10-1　典型的船板表面粗糙照片

10.2　原船板轧制工艺

10.2.1　加热制度

加热制度见表 10-1、表 10-2。

表 10-1　加热炉各段加热温度　（℃）

炉号	1 加	2 加	3 加	4 加	均热
1 号炉	850~900	1050~1180	1220~1260		1220~1260
2 号炉	800~850	1050~1120	1180~1220	1220~1280	1220~1280

表 10-2　在炉时间及目标出炉温度

冷送坯	在炉时间	220mm	>180min
		250mm	>200min
		320mm	>260min
	设定出炉温度/℃		1200（1200~1240）
热送坯	在炉时间	220mm	>160min
		250mm	>180min
		320mm	>240min
	设定出炉温度/℃		1200（1200~1240）

注：1. 220mm、250mm 厚钢坯如遇设备故障导致钢坯在炉时间大于等于 6h，执行相应保温措施；
2. 双炉运行期间炉温按中下线执行，单炉运行期间按中上线执行。

10.2.2　轧制工艺

10.2.2.1　除鳞制度

保证一次除鳞质量，如遇一次除鳞故障，钢坯回炉，严禁轧钢。开轧温度：出炉温度降 30℃，除鳞后钢坯表面实测温度 1040~1070℃。

10.2.2.2　轧制方式

厚度小于 16mm，普通热轧，其他规格执行表 10-3 中控制轧制工艺。

表 10-3　轧制工艺

成品厚度/mm	控轧厚度/mm	控轧后开轧温度/℃	终轧温度/℃
16~20	≥1.5 倍 成品厚度	(920±10)℃	(880±10)℃（表面温度≤850℃）
20~25	≥1.5 倍 成品厚度	(900±10)℃	(880±10)℃（表面温度≤850℃）
25~35	≥1.5 倍 成品厚度	(910±10)℃	(900±10)℃（表面温度≤880℃）
35~50	≥2.0 倍 成品厚度	(900±10)℃	(880±10)℃（表面温度≤850℃）

10.2.2.3　冷却方式

冷却方式为空冷。

10.3　船板表面粗糙分析及控制

表面粗糙提出以后，对外板进行了实物检测发现，表面粗糙缺陷的比例占了总量的20%左右，严重地影响了船板的合格率。为此，对加热轧制过程进行了全流程的讨论、分析。

通过讨论、分析认为，由于钢板热轧温度为 800~1200℃，在加热或轧制过程中，钢材表面会产生氧化铁皮。表面附着氧化铁皮会使钢材表面受损，通常用高压水除去氧化铁皮后再进行轧制。但是，用这种方式氧化铁皮并不能被完全除去，或者即使除去了也会立即再氧化产生，因而成为影响钢材质量的一个重要因素。热轧时轧辊与轧件间存在氧化铁皮，也给热传导和表面形状带来很大影响，特别是由于氧化铁皮的变形和破坏的形态，会产生各种各样的表面损伤。了解氧化铁皮的形成原因并有效去除，是解决表面粗糙度问题积极努力的方向。

为此，对加热制度、轧制过程（包括二次除鳞使用）以及结合 ACC 水冷进行进一步分析验证。

10.3.1　第一次实验

本次实验组织进行了 4 次船板试制，4 次累计试验 49 块钢板，规格为 10~25mm，涉及钢种有 A 级船板和 A32。4 次试制钢板信息和轧制参数设定见表 10-4。

表 10-4　第一批试验轧制工艺参数

次数	数量	规格/mm	终轧温度/℃	终冷温度/℃	冷速/$℃ \cdot s^{-1}$
第一次	2	16~25	950	650	12
	2	22.5~23	950	600	12
第二次	12	12~20	950	600	13
第三次	7	13~18.5	950	600	18
第四次	26	10~25	950	600	18

轧制后船板表面形态如图 10-2、图 10-3 所示。

图 10-2　试制船板表面宏观形态图

图 10-3　试制船板表面抛丸后形貌

下面对钢板表面进行进一步分析。

一般工艺下板面普遍为红色，试制工艺下钢板表面呈黑色和青色条纹状，与 ACC 水冷分布不均有密切关系。

轧制工艺的改变使产品表面氧化铁皮结构产生明显变化，试制工艺产品比普通轧制工艺下的产品表面 Fe_3O_4 质量分数由以前的 30%提高到了 50%~60%（见表 10-5）。高终轧低终冷轧制工艺下的船板表面氧化铁皮 Fe_3O_4 含量最高，致密性较好，与基体有较优良的黏结力。

表 10-5 普通轧制工艺和试制工艺产品氧化铁皮成分对比

试样	主要相化学式及其质量分数（平均值）/%		
	Fe_2O_3	Fe_3O_4	FeO
一般工艺	39.53	34.48	25.99
试制工艺 1	23.51	55.07	21.42
试制工艺 2	22.00	58..78	19.21

通过试制发现，高终轧温度（950℃）、低终冷温度（560℃）条件下获得的轧后氧化铁皮具有较好的附着力，氧化铁皮结构较合理，Fe_3O_4 质量分数超过 50%，Fe_2O_3 质量分数在 20%左右。

10.3.2 第二次实验

第二次实验在第一次的基础上，主要对钢板表面氧化铁皮与终轧温度、粗精轧二次除鳞和水冷制度等关系进行深入探索与研究。

首先确保力学性能和板形的基础上，对终轧温度普遍提高，但依据船板强度和厚度规格进行调整。从第一次实验中发现轧完后水冷制度对表面质量具有非常重要影响，因此终轧后采用了 ACC 弱水冷制度，利用最小水量将钢板冷却至 680~850℃，依据强度要求冷速范围为 6~15℃/s，冷后钢板表面颜色基本呈现出蓝黑色，缓冷有利于保持表面氧化铁皮的附着力和均匀性，在后续运输及储存中表面不会发生氧化铁皮脱落的情况。第二次实验部分品种轧制工艺见表 10-6。

表 10-6 第二批次试制部分品种轧制工艺

试验号	品种	规格/mm	终轧温度/℃	终冷温度/℃	冷速/℃·s^{-1}
1	CCS/D	20	944	711	14.95
2	NVA	10	987	744	13
3	LRAH32	15	966	700	15
4	NVD36	10	880	680	8

根据多次实验后质量确认结果，摸索出轧制环节影响表面质量的主要工艺参数，包括终轧温度、待温时间、除鳞道次及压力、终冷温度，针对上述重要参数组织了大批量的工业生产，最终摸索出了能够解决船板质量问题的关键工艺参数及设备参数。

（1）为去除表面粗糙，依据船板的强度级别和厚度规格，进一步优化轧制工艺，直轧船板粗轧机后待温时间较短。厚度不超过 20mm，采用一、三道次除鳞，控轧船板在粗轧后待温时间较长；厚度大于 20mm，采用精轧三、五道次除鳞，增强其精轧除鳞效果。

（2）为去除表面红锈，普遍提高船板终轧温度，温度控制在 880℃以上，依据船板强度和厚度规格进行调整，其中厚度不超过 20mm 的钢板，终轧温度在 950℃以上；厚度大于 20mm 的钢板，终轧温度在 880℃以上。

（3）为避免麻坑，优化矫直制度，合理控制矫直温度、道次和矫直压力，钢板矫直前使氧化铁皮中含有一定量的 FeO（大于 10%），避免表面氧化铁皮暴起，致使硬度较大的 Fe_2O_3 和 Fe_3O_4 压入造成较大麻坑。

（4）合理利用 ACC 水冷系统，避免钢板在 680～850℃长时间氧化，此温度区间内对钢板实施弱水冷，并依据强度级别调整开始冷却温度、终冷温度，要求冷速范围为 6～15℃/s，减少在 450～600℃降温过程中 Fe_3O_4 转化为 Fe_2O_3 的比例。

实验船板质量与前期工艺轧制船板质量进行了对比，如图 10-4、图 10-5 所示。

改造前

图 10-4　原工艺钢板表面状态

改造后

图 10-5　优化工艺后钢板表面状态

通过上述工艺优化，钢板表面质量得到了质的改善，抛丸后无表面粗糙、氧化铁皮压入、麻坑等质量问题。同时保证了钢板性能稳定、满足标准要求，板形控制良好。

11　从几起疑似异物压入处理谈钢板缺陷的预防

11.1　引言

异物压入为钢板的普通缺陷，有些异物形态较为容易辨别，如带着螺纹形状的螺丝螺母，但另外一些“疑似”异物压入缺陷却较难检查与判断。下面以几种日常较难判定的典型异物压入为例，结合多年钢板质检的经验，通过异物形态观察、压痕特点分析、怀疑取证等方法进行科学论证，确定异物压入缺陷产生的原因，在提高自身业务水平的同时带领大家共同提高检验技巧，掌握分析问题的方法，也向生产部门及时反馈，从而制定相应的预防措施，尽可能地减少异物压入的发生。

11.2　案例1——扫帚状异物压入

2009年12月20日，钢种Q345B，成品规格12mm×2200mm×10000mm。钢板上表面西侧为图11-1所示的异物压入，当时异物已经脱落，只留下扫帚状压痕，当出现第一块时并未引起注意，以为只是一种压痕而已，但接着又间断出现了多块类似的压痕，虽然每一条压痕长短不一样，但都表现为扫帚状，以前这种情况从未出现过。在组织修磨的同时，仔细观察着这种压痕，希望能找出异物的来源。

图11-1　扫帚状异物压痕

通过观察压痕的形态，发现同一块板上的每一条压痕的长度、形状、粗细都一样，像是同一条异物在不同位置经过反复碾压造成的。有了这一发现，开始思考能够造成碾压的地方，值得怀疑的地方只有轧机和矫直机两处，因为只有轧辊和矫直辊才能给异物施加压力压出痕迹。但很快就排除了轧机的可能性，因为轧机的轧辊是一条直线上，轧制力会直接把异物压嵌进钢板，不会让它移动起来反复碾压。于是怀疑的焦点集中在矫直机上，因为矫直辊是交错排布的，共有九只辊，压力没有那么大，板面上的异物在过辊时是可能移动而连续碾压的。剩下的问题是，异物是什么，来自哪里，带着这个疑问，向矫直机前追查，当时正使用分段剪分段，首先观察分段剪的动作，突然发现分段剪剪刃上西侧黏有条状毛刺，如图 11-2 所示。

图 11-2　剪刃上黏附的毛刺

有时剪断后过钢时由于震动，毛刺会掉落在钢板表面上被直接送往矫直机，这些毛刺在经过矫直机往返三遍矫直时被不断在钢板上压出痕迹，就像扫帚一样。原因找到了，向专业反馈了情况，专业停止了分段剪的使用，因为其剪口很差，剪刀形式也无法改换，这些都容易刮起、黏附毛刺。

分段剪停用后，这种异物压入缺陷就彻底消失了。

11.3　案例 2——疑似铁丝的异物压入

2010 年 3 月 7 日，钢种为 L245，成品规格为 9.53mm×1890mm×12000mm。发现一块下表面（翻板前）西侧边部疑似“铁丝”的异物压入情况，异物压入位置距离头部约 15m，如图 11-3 所示。

图 11-3　疑似“铁丝”压入

压入物成条状，宽度比较均匀，如图 11-4 所示，首先被大家倾向认为是细铁丝，因为在日常的检修和维护过程中经常会用到铁丝，所以大多数人都认为此异物压入为检修过程中未清理干净的铁丝掉落钢板上被压入，而且根据压痕的形状也可以判定为“铁丝”压入。

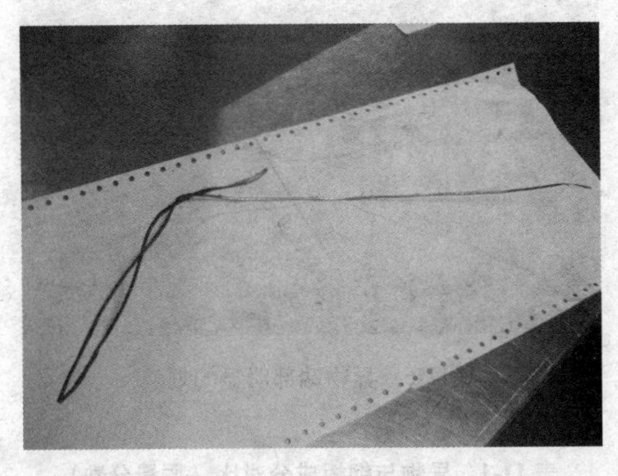

图 11-4 压入的“铁丝”

开始都肯定地认为就是铁丝，但在观察时发现诸多疑点，认为此异物绝不可能是铁丝。

11.3.1 原因分析

（1）铁丝是通体光滑的，即使被压入钢板，也不会在边部出现明显的飞刺，如图 11-5 所示。

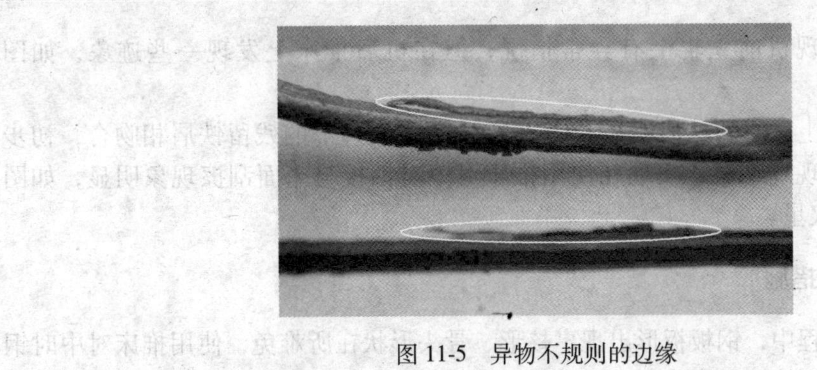

图 11-5 异物不规则的边缘

（2）如果是铁丝，则头部不可能出现如图 11-6 中那样的明显划痕。

由此认为此异物的来源应另有原因。仔细观察异物后觉得它应该是从某金属物体上划下来的金属丝。

带着疑问，又对该钢板的边部（毛边）进行了仔细观察，同时将异物送实验室进行成分化验。在观察中发现了问题：正常轧制的钢板毛边应该是弧形的，就像“（”一样，而异物压入处及前面很长一段距离内的毛边却是“<”形，尖角明显且斜面上有明显的划痕。其他位置上还零星残留有划起的铁屑，一处弧形边部也可见明显划痕，如图 11-7 所示。

成分检验结果显示，异物来源于该块钢板（见表 11-1），偏差在允许范围之内，可以准确判定就是从母板上刮下来的。

图 11-6　异物端部明显的划痕

表 11-1　异物与钢板成分对比（质量分数）　(%)

检　材	C	Si	Mn	S
P084143 钢板	0.16	0.25	0.7	0.006
异物	0.14	0.24	0.61	0.008

能刮下边部金属且压嵌入钢板的地方只有轧机处。轧制时需要用推床对中，剐蹭可能与推床有关。就该观点与设备专业进行了交流，设备专业详细听完阐述后也认为确有可能是推床刮擦造成的，并决定利用交接班的时机一起在机前机后立辊、推床上寻找可能造成刮擦的位置。

经过检查，没发现机前立辊上有异常情况，但在机后推床上发现一些迹象，如图 11-8、图 11-9 所示。

照片显示：推床上残留的铁屑明显和图 11-7 中毛边板边部的残留铁屑相吻合，初步证实了判断。另外经现场观察，发现在使用推床对中时钢板与床面刮擦现象明显，如图 11-10 中箭头所指的火星。

11.3.2　结论及预防措施

在钢板的轧制过程中，钢板板形出现枣核形、骨头形状在所难免，使用推床对中时钢板边角部与床面发生刮擦也属正常现象，床面磨损后进行补焊修平更是正常的维修方法。之所以在正常的情况下出现这种不正常的现象，是因为类似的问题在以前没有发生过，床面磨损情况的变化对钢板质量的影响，大多数人都估计不足。据观察，不同的操作工操作推床夹持钢板的力度掌握也不相同，即使力度掌握得当，不同钢板的板形甚至同一块钢板的不同位置，宽度也是有差别的，靠操作工凭经验达到远距离精准控制也是非常有难度的。

这次问题的原因找到了，并得到了一个重要的启示，即该如何进行预防，应做到以下两点：

(1) 每次例行检修和维护时加强对推床床面磨损情况的检查，发现尖锐的凸起和较大砂眼时，应对凸起处及砂眼的锐利边缘进行适当的修磨，确保推床床面光滑无磨损。

(2) 操作工在操作推床时要格外注意，在能保证有效对中的情况下力度不宜过紧。

该板正常部位的“(”形边部

该板略带划痕的“(”形边部

该板异物压入处的“<”形边部

边部刮起残留的铁屑

图 11-7　边部形态对比图

在实施了以上措施近一年以来，这类“铁丝”类异物压入的发生量较前期有明显减少，基本接近为零。

图 11-8　推床上的砂眼及深沟

图 11-9　推床上的凸点（残留有铁屑）

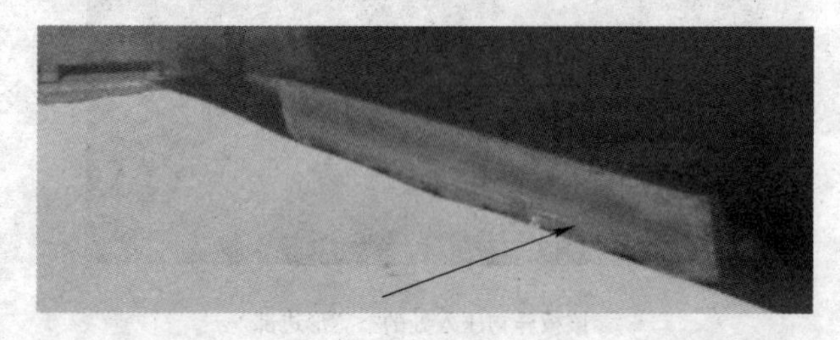

图 11-10　明显的剐蹭

11.4　案例 3——超厚铁皮状异物压入

2010 年 10 月 20 日，当班发现批号为 R039715 的板面有超厚氧化铁皮压入（厚度大约为 3mm 左右），形态如图 11-11 所示。之前、之后的其他班组都没有出现这种情况。

11.4.1　缺陷特征分析

出现这种情况后，多数人根据以前的判断方法认为是板坯本身存在的铁皮残留，经轧制后压附到钢板表面的。还有一部分人认为是钢板在加热过程中加热温度不均匀，炉内气氛太浓所导致的。然而同以往的氧化铁皮类缺陷相比，这次情况大有不同，所以不能用以前的判断方法来草率地下结论。因此正确地判断这类氧化铁皮的性质和形成原因成了确定原因及制定措施的关键环节。

这次出现的异物压入与以前发生的氧化铁皮压入有明显的不同，主要表现在以前的氧

图 11-11　超厚氧化铁皮压入

化铁皮压入钢板后完全嵌入板内（与板面基本保持在同一水平面），而这次出现的异物压入钢板表面则有明显的凸起（没有完全压平），异物压入深度较浅，很容易被敲下来。

这种铁粉异物高于钢板表面并且压入深度较浅，也是不同于以往铁皮压入的特点，经过实际测量发现同步轴上剥落的铁皮厚度为 8mm 左右，而压入板表面后为 3mm 左右，高于板面，钢板压痕很浅。这里有两个原因：

（1）同步轴上的铁皮是由金属粉尘吸附而成，并非压制成形，结构疏松，粉尘颗粒之间存在大量空隙，剥落掉于钢板上后在压力的作用下变得致密，所以在厚度上出现减薄。

（2）由于铁皮的致密性很差，再加上是由无数细小的粉尘颗粒组成的，压力作用其上时，一部分力量在致密度变化时被吸收掉了，大多数力量被细小的粉尘颗粒在彼此间的传递而消化掉了。

针对以上情况，对现场进行了长期的分析调查，经调查发现轧机传动同步轴有一处发生表皮脱落现象，因而初步断定为轧机传动同步轴表面氧化皮脱落掉到钢坯表面，经轧辊轧制后进入钢板表层所致。

11.4.2　异物成分分析

对轧机传动同步轴表面氧化皮、板面异物分别取样化验成分，如图 11-12 所示。

图 11-12　同步轴铁皮脱落

成分化验数据结果见表 11-2。

表 11-2　成分对比（质量分数）　（%）

样品名称	C	S	P	Si	Mn
轧机传动同步轴表面氧化皮 1 号	0.26	1.17	0.010	0.26	0.15
	0.21	1.44			
	0.22	1.39			
	0.19	1.64			
板面嵌入的异物 2 号	0.034	1.30	0.008	0.17	0.22
	0.019	1.18			
	0.024	1.40			
	0.023	1.28			

从表 11-2 中可以看出，轧机传动同步轴表面氧化皮的平均碳质量分数为 0.22%，钢板板面处嵌入的异物平均碳质量分数为 0.025%，相差将近一个数量值，其余元素成分接近，为什么会出现 1 号与 2 号试样碳含量的明显差别呢？请教专业后得到了答案：轧机传动同步轴表面氧化皮（1 号试样）是由轧制时的金属粉尘长年累月积攒而成的，粉尘里含有油的成分，所以沉淀有较高的碳和硫。而掉到高温钢板表面后，钢板的表面高温使油中的碳发生大量的烧损，做成分实验时由于样品呈粉末状，不好清洗里面的油，所以导致 1 号和 2 号试样含碳量的较大差异，也正是因为有油的成分，所以试样中硫的成分奇高。但从 P、S、Mn 三种元素的对比数据中可以断定，轧机传动同步轴表面氧化皮脱落掉到钢坯表面，经轧辊轧制后进入钢板表层是产生此次缺陷的直接原因。

11.4.3　采取的预防措施

得出以上判断结果后，第一时间联系专业，专业也肯定了此分析判断，并同时联系设备专业和检修、维护单位，在以后每次的维护过程中都对轧机传动同步轴表面氧化皮进行彻底的清理，防止氧化皮过多的堆积。

在实施了上述措施后类似于以上的氧化铁皮压入现象再也没有发生。

在实际工作过程中，要加强在线产品质量监督检查，及时发现问题，及时准确地将自身分析产生原因与相关岗位进行沟通，使问题尽快得到处理，从而降低公司损失。

12　钢板成品库精细化管理，避免二次伤害

12.1　引言

成品钢板下线入库是生产环节的最后一道工序，从一定意义上说成品库的钢板已经属于客户。按一般的理解，入库的产品应该是不存在任何缺陷的产品，质检员的工作在入库前的质检把关之后也就应该结束了，但在实际生产中发现，由于操作工的质量意识淡薄，在成品钢板的吊运、码垛、装车的过程中缺乏精细化管理，不注重细节控制，往往使钢板发生不必要的二次伤害。这种情况如果得不到足够的重视并采取措施加以控制，则会造成有缺陷的产品被交付给客户使用，为质量异议的发生埋下隐患，从而影响公司的声誉。因此，质检工作不该只局限于手头的那一点，应该延伸到能看到的每一处，质量意识和行为不能在我们和客户之间出现真空，这样才不辜负质检员的职责。因此，根据多年的现场质量检查经验以及对钢板入库前后过程的观察，本着对质量负责、对客户负责的态度，提出几点钢板在成品库区流转时所涉及的岗位人员应该注意的问题以及一些改进建议，使这些问题最终能够得到控制，从而减少不必要的损失，为客户提供优质的产品。

12.2　需要关注的问题

12.2.1　火切渣瘤清理不净

由于设备能力有限，公司的圆盘剪只能剪切厚度小于等于22mm的钢板，22mm以上的钢板需要火切定尺，数量大约在20%左右，随之而来的就是火切渣瘤的问题。产生渣瘤是火切过程中不可避免的过程，但文件规定渣瘤必须在钢板入库前清理干净，因为渣瘤的存在不仅影响钢板的外观质量，还会造成板形及表面质量的下降，如图12-1~图12-3所示的各种渣瘤的影响。

图12-1　渣瘤影响外观质量

图 12-2　渣瘤塞入板间造成钢板变形

图 12-3　渣瘤影响表面质量（来源于质量异议）

12.2.2　钢板吊伤

接触过的常用的钢板吊运工具有钢丝绳、磁盘吊和 C 形钩，钢丝绳在建厂初期使用过，因其稳定性差、安全性差、容易勒伤钢板而被淘汰。目前公司采用的是磁盘吊和 C 形钩，用磁盘吊可以很好地保护钢板，但一次起吊量有限，效率不高，C 形钩一次则可以起吊多张钢板，但对钢板边部有一定的损伤，尤其是薄钢板，如图 12-4 所示的吊伤。这是因为公司使用的 C 形钩比较薄，厚度约 30mm，与钢板边部的接触面积很小，如图 12-5 所示。

图 12-4　钢板边部吊伤

图 12-5　某公司使用的 C 形钩

12.2.3　钢板下线不齐

目前，现场钢板下线入库的顺序是这样的：剪切或火切完成的钢板经检验合格后用磁盘吊逐张摆放在一起，当达到一定数量（总质量不超过 10t）以后再一起用 C 形钩吊至成品库垛位码放，一起吊运的这几张钢板统称为一钩，如图 12-6 中吊起的就是一钩。

图 12-6　一钩钢板

如果这一钩钢板在下线逐张摆放时边部或头尾没有对齐，就会形成以下隐患。

（1）边部不齐的隐患。边部不齐的一钩钢板在起钩时如果防护不当，就会使边部伸出的部分独自承重，如图 12-7 所示，结果必然钩伤，图 12-8 中的钩伤就是证据。

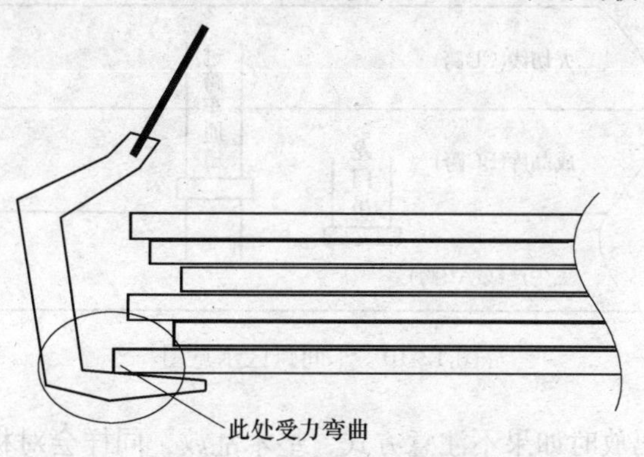

图 12-7　边部不齐钢板的起吊受力图

图 12-8　边部不齐造成的钩伤

（2）头尾部不齐的隐患。每钩钢板头尾不齐造成的损伤在成品库没有体现，因为头尾部并不参与起吊落钩，但在这里提出来的目的是要提醒大家注意装船时的损伤。公司的出口板和大多数船板需要船运发往客户，在装船时由于船舱空间有限，为了尽可能多装货，钢板进舱时码放间隔很小，仅留吊装间隙，这样一来，如果头尾不齐，在钢板进、出舱时就会因为剐碰而造成钢板损伤，如图 12-9 中圈定位置的头部干涉示意图。如果头尾对齐就会避免这种情况。

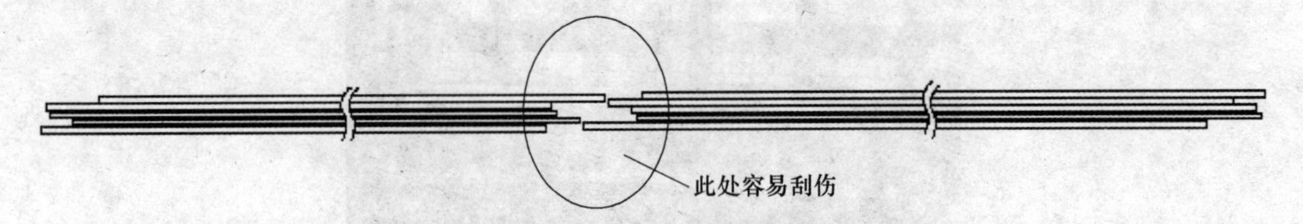

图 12-9　头尾不齐发生干涉容易造成剐碰伤害

12.2.4　钢板在过跨车上码放不当

厂房分 AB、BC、CD 三跨，成品库在 BC 跨，主生产线下线的成品钢板可以通过龙门吊直接移送至 BC 跨（有时也用过跨车），但火切线（CD 跨）的成品钢板入成品库时必须要通过过跨车运送，如图 12-10 所示。

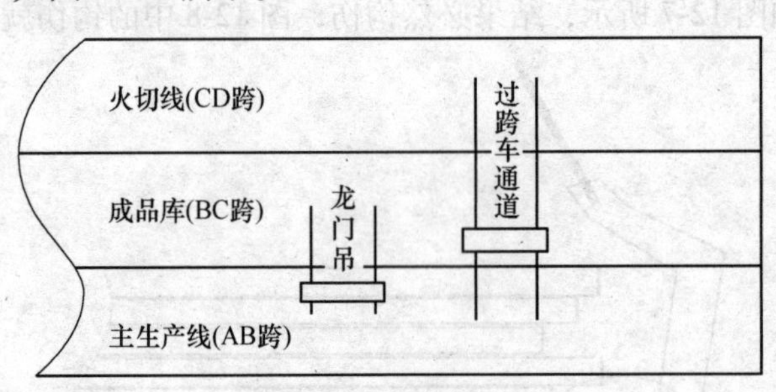

图 12-10　车间跨区示意图

钢板在过跨车上码放时如果不注意方式，垫木乱放，同样会对板形造成二次伤害，如图 12-11 中下面压弯的钢板。

图 12-11　装车不当造成钢板压弯

12.2.5 成品入垛码放不当造成钢板压弯

成品入垛以后的码放是非常关键的，每一垛都由十几钩甚至几十钩钢板组成，每钩之间由垫木隔开，如果垫木使用不当，就会造成钢板受压变形，下面分别用图12-12～图12-15所示的几种典型例子加以说明。

图12-12 垫木错位、高度不够造成钢板压弯

图12-13 垫木缺失造成钢板压弯

图12-14 垫木杂乱造成钢板压弯

图12-15 不同宽度钢板码放在一起时垫木放置不当造成钢板压弯

12.2.6 装车不当造成钢板压弯

汽车运输钢板，路途有远有近，路况有好有坏，即使发货前的工作都做到位了，装车时如果不注意垫木的使用，钢板也会受压变形，如图12-16所示。

图12-16 装车时垫木使用不当造成钢板压弯

12.3　已采取的措施

针对以上几种问题，采取了相应的措施，收到了显著的效果，分述如下。

（1）渣瘤问题其实主要就是责任心的问题，没有任何技术难度，加大检查、考核力度，严格控制火切渣瘤的影响，要求入库钢板不允许残留任何形式、任何大小的渣瘤。对此，火切岗位专门制作了清渣工具，目前，这一问题已经得到了彻底的解决。

（2）针对钢板吊伤的问题，建议成品库用槽钢制作了简易的护具，用以吊运钢板时保护边部，如图 12-17 所示。

图 12-17　用槽钢做的钢板吊运护具

这种护具试用以后效果很好，得到推广，确实解决了边部钩伤的问题，但这种护具又有其不可回避的缺点：一是操作时需要一手扶持护具，一手扶持吊钩，既费时费力又容易挤伤手指；二是护具挂住后容易脱落；三是当一钩钢板片数较多或较少时，总厚度超过或不足护具开口时，护具均无法正常使用，操作工不得不像图 12-18 所示的那样使用。

图 12-18　护具的不当使用

这样使用会在两点（见图 12-18 圈定位置）对钢板造成挤压，严重时造成硌伤，另外，这样使用时护具更容易滑落，更加危险。

（3）针对钢板下线不齐的问题，建议要求车间制作专用挡铁，用以对齐钢板，如图 12-19 所示。这一措施也很好地解决了不齐的问题。

（4）针对过垮、入垛垫木码放不当造成钢板压弯的问题，制定了文件，对垫木的间距、排数作了具体的规定，并要求每排垫木在横向、竖向上必须保持在一条直线上，如图 12-20 所示。措施实施后，乱用垫木的情况得到了制止，钢板压弯的情况也基本消除。

图 12-19 下线挡铁

图 12-20 良好的码垛

12.4 进一步改进方案

（1）第一项改进方案是改进护具，解决现有护具的不足之处，设计方案如图 12-21 所示。这种护具具有很大的开口度，可以满足现有所有厚度的单钩钢板，即使是一张薄板也可以通过弹簧的作用使护具牢牢卡住，不会脱落。另外，安放护具和扶钩操作可以分开，可以避免安全事故的发生。

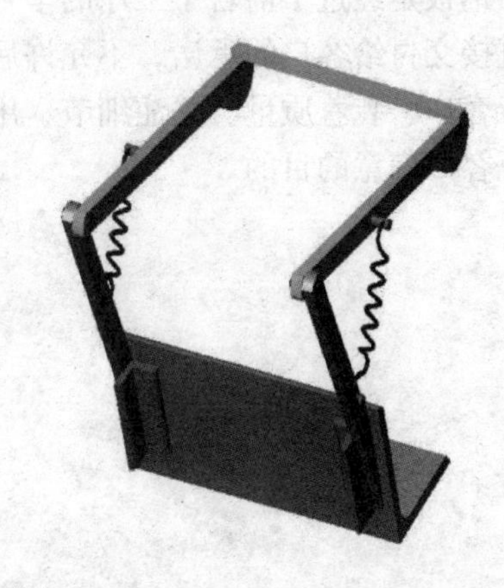

图 12-21 护具改进方案

（2）改进车底垫木。为了保护钢板和方便装卸，公司要求钢板装车时，垫木码放要和成品库中的要求一致。但经调查，现有汽车车底使用的垫木长短不一、大小不一，为了防止丢失，垫木又被车主牢牢钉死在车底上，无法随着成品垛内的垫木间距来调整位置，这是造成装车钢板压弯的根本原因，对此，提出第二项改进方案如下：

1）统一车底所用的垫木规格，车底垫木截面为矩形，且各边长应不小于 150mm，垫木长度等同于车厢宽度。

2）车底垫木采用活动形式，这样就可以根据钢板垫木的位置进行灵活调整，确保每列垫木均在一条直线上。

3）不允许存在车底垫木过短或过长倾斜使用的情况，以便消除因垫木错位导致的钢板变形。

4）为了防止丢失，车底垫木两端可钉入铁环，并用铁链相连，这样可同时满足灵活移动和防丢失的要求。

改进后的装车示意图应如图 12-22 所示。

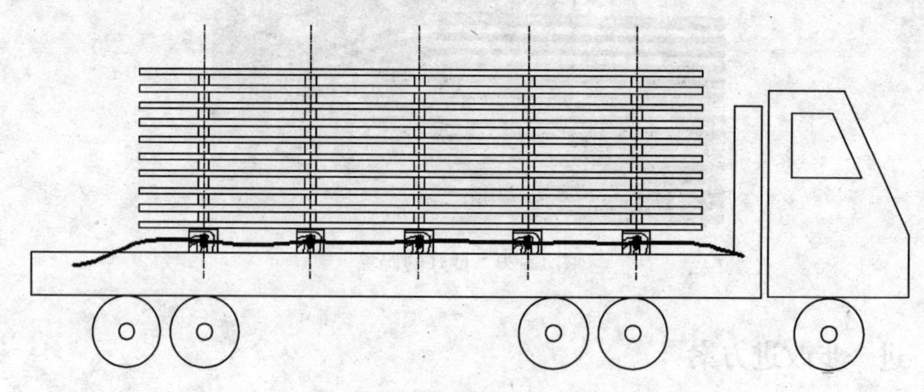

图 12-22　改进后的装车示意图

12.5　结束语

成品钢板是经过了前若干工序的辛苦劳动才形成的，凝结了公司全体员工的汗水，是要履行直接交付给客户的承诺，不允许后期有任何形式的二次伤害。实践证明，只要我们心中装着客户、装着质量、关注细节、用心控制、积极地想办法，就能够达到保证产品优质、保证客户满意的目的。

13 钢板下表面划伤多发的原因及应对方案

13.1 引言

在各种质量缺陷中，钢板下表面划伤是比较普遍也是容易发生的一种缺陷，最多时约占工艺性缺陷的40%左右。出现划伤缺陷以后，就不得不对划伤进行修磨处理，不仅损害了钢板的表面质量，也增加了不合格品的数量。

预防职能是质检工作的一项重要职能，发现问题、找出根源，想办法解决问题，防止问题进一步扩大是每一个员工都应该做的。质检工作的优势是熟悉各种缺陷，了解各工序的情况，在分析原因上应该发挥自己的作用，帮助解决问题。因此，首先对下表面划伤进行了分类，并分别进行了原因分析，有些原因如3号炉滑轨的问题通过技术改造已经取得了一些效果，但有些原因还有待通过技术改造和改进操作方法加以解决。

13.2 钢板生产工艺流程简介

1993年投产以来，公司的产能不断扩大，为了适应新的生产形势，公司先后对原有生产线进行了多次技术改造，逐渐形成了现在的工艺流程，如图13-1所示。

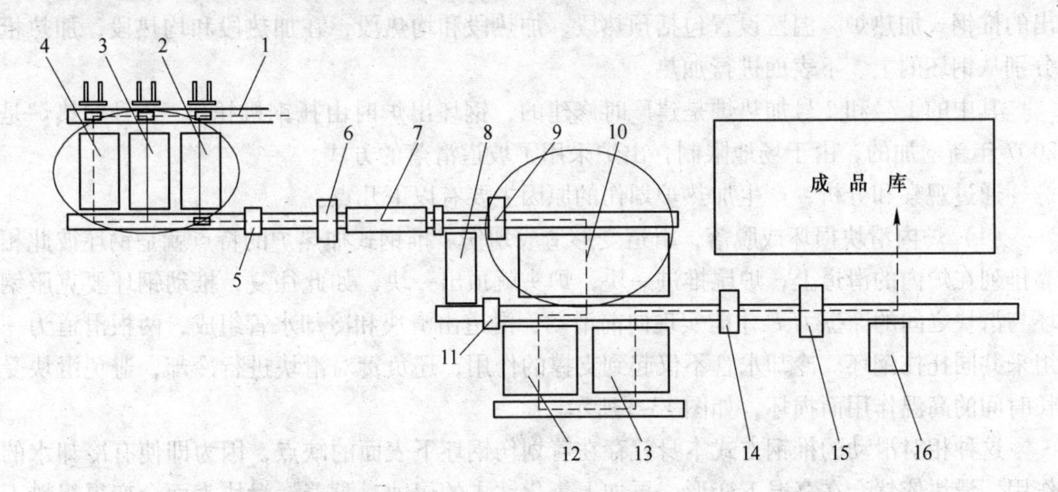

图13-1 车间生产工艺流程图（虚线表示产品流转路线）

1—入炉辊道；2—1号加热炉；3—2号加热炉；4—3号加热炉（新增）；
5—高压水除鳞；6—四辊轧机；7—水幕冷却；8—1号冷床（不常用）；
9—九辊矫直机；10—4号冷床（新增）；11—十一辊矫直机（不常用）；
12—2号冷床；13—3号冷床；14—圆盘剪；15—定尺剪；16—质量检查

改造以后的生产线增加了4号冷床和3号加热炉，根据下表面划伤的不同表现形式，最终判断产生划伤的区域主要集中在加热炉和4号冷床，如图13-1圈定区域。

13.3　下表面划伤的表现形式及原因分析

13.3.1　加热炉划伤

这种划伤是下表面划伤中的主要表现形式之一，它的特征是分布在钢板下表面中间或边部，划伤主体部分是呈“蚯蚓”形态或分离或紧密地贴于钢板表面的条状铁皮，可剥离。划伤底部因氧化呈暗色，划沟或深或浅，划伤一端往往与基体相连，因与基体不是整体，周围明显可见裂纹状轮廓线，如图 13-2 所示。

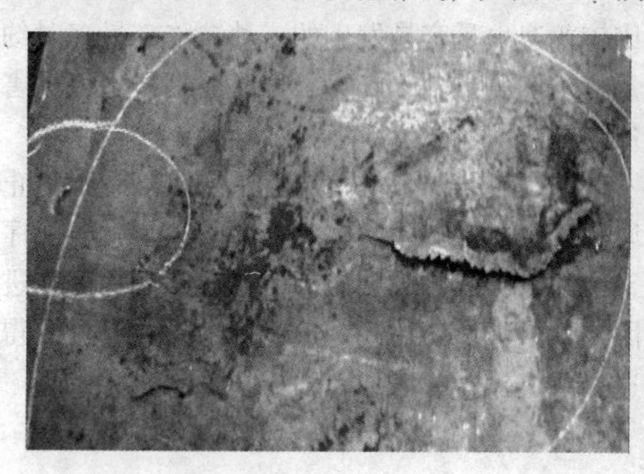

图 13-2　加热炉划伤

分析这种划伤的产生原因，就要从公司的加热炉说起。加热炉共有三座，都是端进端出的推钢式加热炉，温区设置包括预热段、加热段和均热段，在加热段和均热段，加热枪分别从钢坯的上、下表面进行加热。

其中的 1 号和 2 号加热炉是建厂时修建的，钢坯出炉时由托钢机托出，3 号加热炉是 2007 年新增加的，由于场地限制，出炉采用了坡道滑落的方式。

通过观察和分析，产生加热炉划伤的原因主要有以下几点：

（1）炉内滑块损坏或脱落，滑道变形造成划伤。推钢式加热炉的特点就是钢坯彼此相靠排列在炉内的滑道上，炉尾推进一块，炉头就顶出一块，如此往复，推动钢坯要克服钢坯与滑块之间的摩擦力 F 才能实现向前滑动，滑道由滑块和冷却水管组成，两根滑道为一组来共同托住钢坯。冷却水管不仅起到支撑的作用，还负责对滑块进行冷却，避免滑块受长时间的高温作用而损坏，如图 13-3 所示。

这种相对滑动的推钢方式本身就存在着划伤钢坯下表面的缺点，因为即使有冷却水的作用，滑块依然会在高温下变形，再加上氧化铁皮的侵蚀、黏着，滑块表面会变得粗糙不平。有些钢厂通过改进滑块设计虽然取得了一些成功，但仍然难以在根本上解决问题，这种缺陷只有在步进式加热炉中才能被彻底解决，但有些公司没有这种加热炉。

某公司加热炉的使用周期是三个半月左右，在炉后期容易出现滑块损坏或脱落以及滑道变形的问题，划伤也往往在这一时期出现，因为一旦滑块脱落，就会失去对钢坯的连续支撑，滑道变形则会引起钢坯爬坡，结果都会造成直接啃（划）伤下表面，如图 13-4、图 13-5 所示。

（2）3 号加热炉炉头滑轨不合理造成划伤。由于场地受限，3 号炉的位置紧靠厂房大

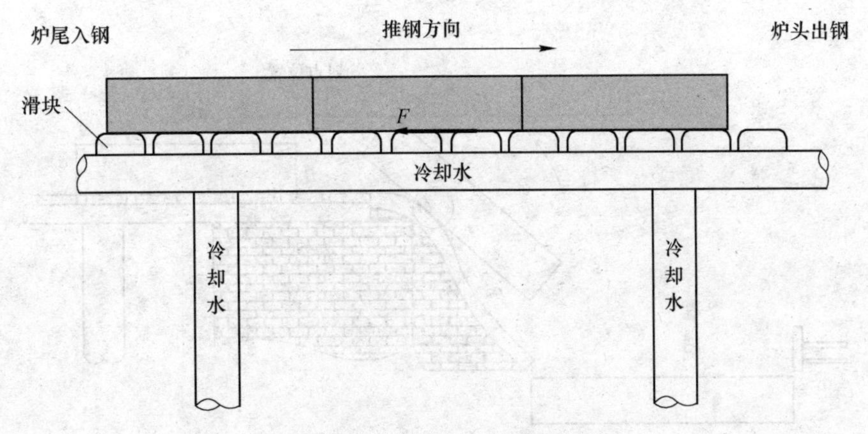

图 13-3 滑道及钢坯的运动方式

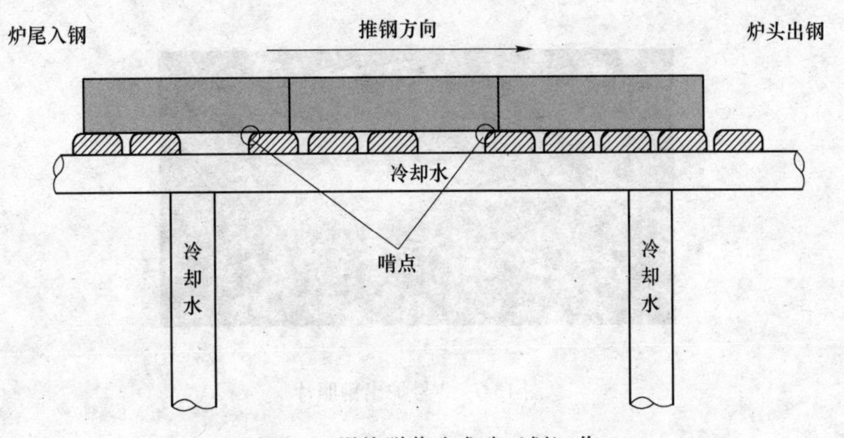

图 13-4 滑块脱落造成啃（划）伤

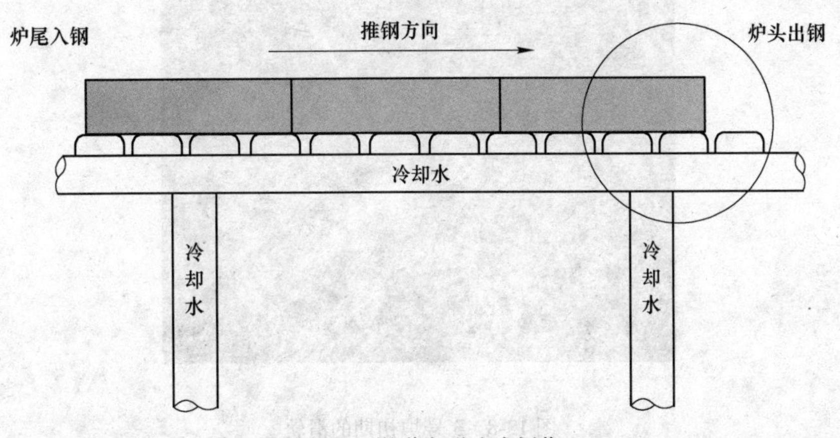

图 13-5 滑道变形造成划伤

门，炉头已无位置再安装托钢机，因此，出炉方式采用了坡道滑落式的，如图 13-6、图 13-7 所示。

这种出钢方式的特点是钢坯倾斜瞬间，下表面与滑轨的弯点之间形成小面积接触。3 号炉开始的滑轨是用圆钢做的，连接点过渡并不平滑，如图 13-8 所示。

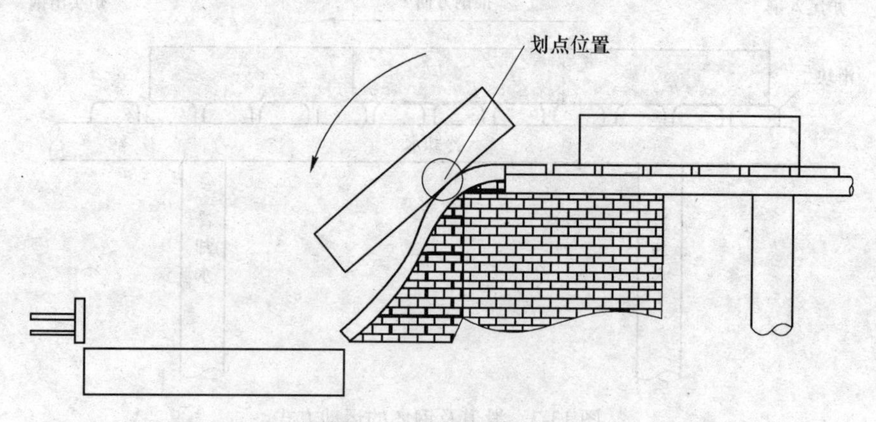

图 13-6　3 号炉出钢示意图

图 13-7　3 号炉出钢照片

图 13-8　3 号炉初期的滑轨

这种圆形滑轨最终在弯点处与钢坯下表面形成了更小面积的点接触，几吨重的钢坯在该点形成了巨大的压强，这也是初期 3 号炉的钢坯轧后出现下表面中间严重加热炉划伤的原因。

找到原因以后，该公司对滑轨进行了改造，用扁平的滑轨替代了圆形滑轨，如图 13-9

所示。改进后的滑轨加大了接触面积，使钢坯下滑时也变得更加平稳，大大减少了3号炉的划伤数量。

图 13-9　改进后的扁平式滑轨

（3）炉内滑块各段温度不均造成划伤。这个原因造成的划伤在三个加热炉中都可能出现。正常情况下，炉内各段的加热枪要保证一定的数量并经常实施倒换，不允许长时间在一个位置加热，以防止烧坏钢坯和滑块。但有时会根据不同的坯型或钢种而调整加热工艺，下加热枪的数量会适当减少。即便如此，如果勤倒枪也不会出现问题，但个别班组的操作工由于责任心不强或意识不到勤倒枪的重要性，就会长时间不倒枪，结果就会是靠近加热枪的那段滑块受热时间过长，温度较高，钢坯下表面温度也会很高，硬度都会降低，而远离加热枪的那段滑块由于受热相对较少，温度相对较低，硬度也较高。在这种情况下，下表面硬度较低的钢坯由高温、低硬度滑块段进入低温、高硬度滑块段，下表面不可避免地要受到侵害而形成划伤，如图13-10所示。

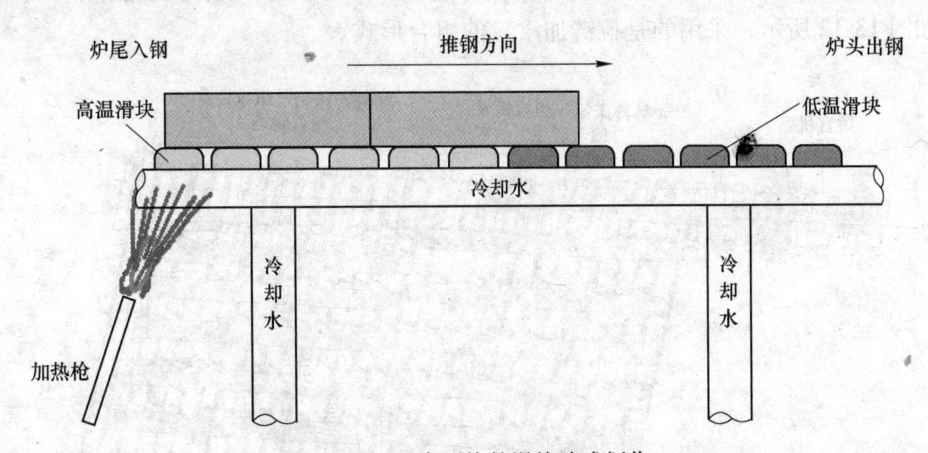

图 13-10　温度不均的滑块造成划伤

13.3.2　辊道划伤

这种划伤也是下表面划伤中的主要表现形式之一，主要发生在矫直机以后，4号冷床的输入辊道。

这种划伤的特点是划伤沿钢板长度方向延伸，或长或短，有时在钢板的前半段，有时贯穿整个长度，低温钢板划伤底部可见金属光泽。形态如图13-11所示。

图 13-11　辊道划伤

经过调研，产生辊道划伤的原因有以下几个方面。

(1) 个别传送辊不转造成划伤。正常情况下，辊道旋转带动钢板向前输送是不会形成划伤的，而前期常常因为个别传送辊不转，使钢板在辊面上滑动前进，辊面上的凸点、铁屑造成钢板下表面划伤。经观察，不转的传送辊都出现在第一组拉链对应的辊道上，第二组辊道从未发生过。为什么会出现这种情况？这要从 4 号冷床的结构说起。4 号冷床的示意图如图 13-12 所示，采用的是拉链加滚轮的组合形式。

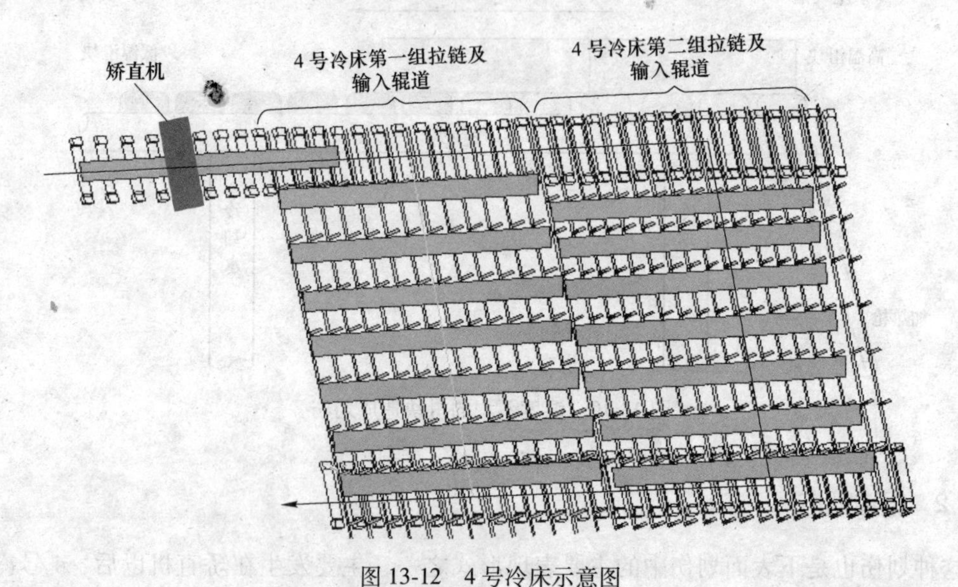

图 13-12　4 号冷床示意图

正常情况下冷床上放两排钢板，由两组拉链分别控制，矫直后的钢板交替存放在两组拉链控制的区域进行冷却，钢板从输出辊道向后道工序移送时，为了防止撞到第一组拉链上的挡铁，操作时需要将第二组拉链的挡铁连同钢板拉到辊道上来，见图 13-12 中 4 处，而第一组拉链的挡铁及钢板只允许拉到辊道靠里一侧，见图 13-12 中 2 处，形成交错，如图 13-13 所示。

图 13-13 两组拉链的挡铁错开，防止撞钢

这样操作带来的另一个结果是第二组拉链上输入辊道端的挡铁及钢板可以拉过辊道进入冷床区，见图 13-12 中 2 处，而第一组拉链上输入辊道端的挡铁及钢板只能停留在辊道靠近冷床侧的轴承座上，见图 13-12 中 1 处。如图 13-14 所示。

图 13-14 钢板压在辊道冷床侧的轴承座上

因钢板的温度有时很高，这一端的轴承座就会连续受到高温的烘烤，就像盖上了一层厚厚的棉被，轴承里的润滑油损耗很快，如果来不及补充，就会造成轴承因缺润滑而研磨损坏，并膨胀抱死，这根传送辊无法再转动，最终形成了钢板的下表面划伤。

（2）4 号冷床输入辊道与矫直机速度不匹配造成下表面划伤。矫直机的线速度范围是 0.3~0.8m/s，而输入辊道的线速度范围是 1.0~1.2m/s，相差较多。当生产长板时，钢板尾部还没有矫完，头部却已经进入了第一组输入辊道控制区，如图 13-12 所示。如果此时开动辊道，则辊道的速度会迅速从静止提升到 1.2m/s，必然会对还在矫直机中的钢板形成拉力，不仅影响矫直效果，还会危害到矫直机的安全，因此，这时候的辊道是不能打开的，只能任由钢板头部在静止的辊道上滑动前进，直到尾部完全走出矫直机，这样一来，钢板前半段就会形成等同于传送辊不转那样的下表面划伤。

13.3.3　其他下表面划伤

其他下表面划伤主要是指冷床上的滚轮因轴承损坏不转时造成的，这种情况不经常发生，原因也很简单，在这里不再赘述。

13.4　进一步改进方案

除了3号炉滑轨已改进以外，下面提出其他改进方案如下，供技术和操作部门参考。

（1）针对加热炉滑块后期损坏脱落、滑道变形的问题，可采用缩短加热炉使用周期的方案，如减少20天，因现在有三台加热炉供使用，完全可以满足轮换使用的要求，缩短使用周期可以减轻滑道的变形及损坏程度，从而减少划伤。

（2）针对加热炉内滑块各段温度不均的问题，可修改操作规程，将倒换枪的时间间隔由2h缩短为1h，这样可大大提高滑块温度的均匀程度。

（3）针对4号冷床输入辊道个别辊经常抱死的问题，因冷床设计不好改动，可先采取补救方案：一是将巡检注油时间间隔由原来的3h缩短为2h；二是在轴承座处加水冷却，这样可以很好地解决问题。

（4）针对矫直机与输入辊道速度不匹配的问题，可以从电气控制上研究速度同步的方案。

14　钢板长度不合原因分析及控制措施

14.1　引言

受全球金融危机影响，2008 年以来受钢铁行业产能持续过剩，钢材价格不断下跌影响，多数钢厂已经连续数年面临严重亏损。同时受宏观经济增速放缓影响，钢铁行业下游需求下降，行业产能过剩问题突出，钢材价格低位徘徊，2015 年大中型钢企行业利润总额已经下降至-645.34 亿元。另外，国家先后加大了淘汰落后产能和落实环保政策的力度，在政策引导和市场倒逼机制下钢铁产能退出和结构调整是未来发展方向，对于处于寒冬状态的中国钢铁企业而言，已经切身感受到了生死存亡的危机。亏损、减员、降薪成了钢铁行业的常态。

市场的持续低迷、环保的高标准压力等诸多因素，都给目标任务的完成造成很大影响。面对各种困难，正常经营生产组织受到严峻考验，2016 年某公司全面开展了一系列降本增效工作，明确了“扭亏是第一要务，一切以效益为中心，全力以赴扭亏图存”的经营思想，依靠职工群众，群策群力，攻坚克难，培养节约意识，杜绝“跑、冒、滴、漏”浪费现象，加强过程质量控制，提升成材率。

为应对 2016 年钢板长度不合带出品居高不下的难题，解决长度不合已经成为公司重要的攻关课题之一。下面重点讨论长度不合问题产生的原因及控制措施，从而降低带出品的产生，减少公司的经济损失，增强企业的竞争力。

14.2　钢板长度不合现状

钢板的长度不合又称为“轧短”，轧短表示因轧制原因导致在线定尺剪无法剪切成合同规定尺寸。经统计 2015 年长度不合带出品为 157t/月，如图 14-1 所示，2016 年 1~8 月长度不合带出品高达 238t/月，如图 14-2 所示。

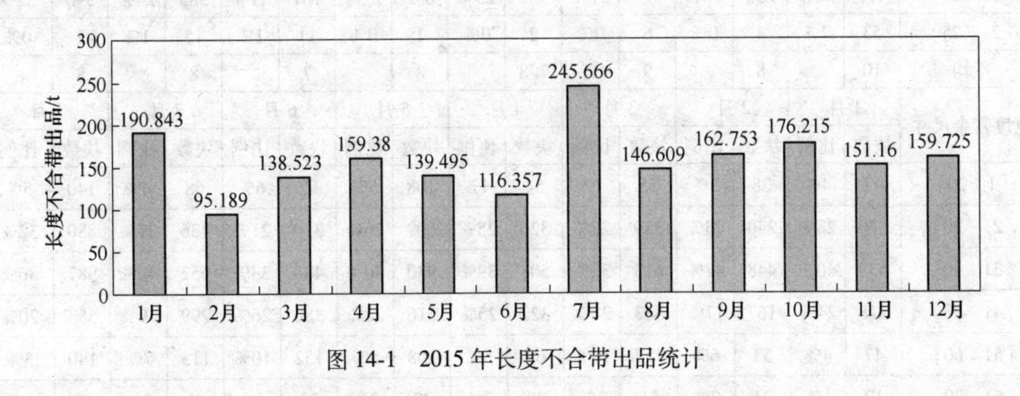

图 14-1　2015 年长度不合带出品统计

目前长度不合带出品大部分为毛尾下线钢板，经火切无法保证定尺，最终判定长度不

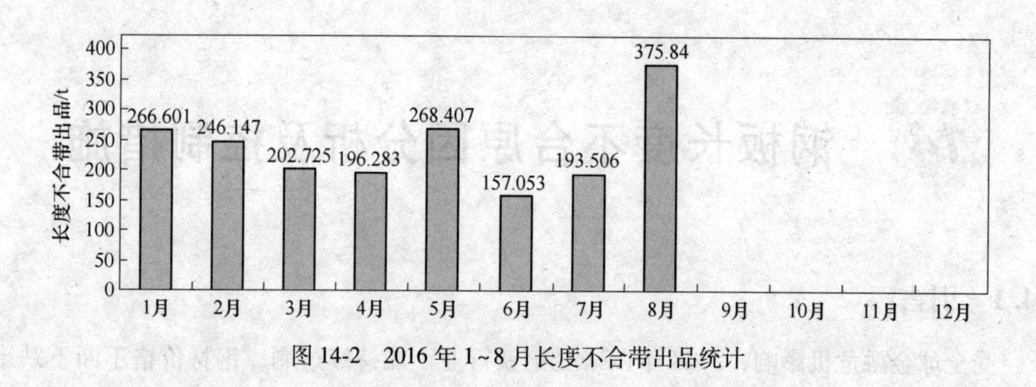

图 14-2 2016 年 1~8 月长度不合带出品统计

合带出品。由于轧钢事业部人员结构调整、作业区整合等诸多因素，作业单元质量管控力度被淡化，钢板任由定尺剪操作工随意剪切，毛尾下线即可判定长度不合，责任完全由轧钢班组承担，质检失去了对精整定尺剪操作的监控，无法对“长度不合”和“切短”做到精准判定，并最终导致钢板长度不合带出品居高不下。

14.3 钢板长度不合产生的原因分析

钢板的长度不合又称为“轧短”。某公司 4300㎜中厚板生产线钢板长度不合产生的主要因素如下。

（1）钢坯原因。1 号铸机和 2 号铸机钢坯宽度尺寸稳定性较差，月均 3%~16%钢坯宽度尺寸负偏差，且 2%宽度负偏差［-10 -40］之间；另外 1 号铸机钢坯长度切斜 10~40mm 之间；2 号铸机厚度波动性较大在-5~0mm 之间。钢坯尺寸稳定性较差，钢坯尺寸不足导致轧制钢板长度不足。尺寸偏差见表 14-1、表 14-2。

表 14-1 2016 年 180 坯型尺寸偏差

宽度富余尺寸	1月		2月		3月		4月		5月		6月		7月		8月	
	块数	比例	块数	比例	块数	比例	块数	比例	块数	比例	块数	比例	块数	比例	块数	比例
［-30 -10］	23	2%	13	1%	25	2%	24	2%	24	1%	29	2%	16	1%	21	1%
［-9 0］	54	4%	48	5%	43	3%	128	10%	49	2%	65	4%	65	4%	66	2%
［1 10］	732	55%	640	67%	1058	68%	822	63%	1607	69%	1215	82%	1133	70%	2062	75%
［11 20］	475	36%	252	26%	426	27%	332	25%	632	27%	161	11%	385	24%	590	22%
［21 25］	53	4%	4	0%	6	0%	2	0%	1	0%	11	1%	15	1%	2	0%
平均	10		8		9		7.8		8		7		8		8	
宽度富余尺寸	1月		2月		3月		4月		5月		6月		7月		8月	
	块数	比例	块数	比例	块数	比例	块数	比例	块数	比例	块数	比例	块数	比例	块数	比例
［1 20］	47	4%	28	3%	55	4%	54	4%	108	5%	92	6%	68	4%	140	5%
［21 30］	370	28%	240	25%	339	22%	326	25%	609	26%	310	21%	436	27%	880	32%
［31 40］	538	40%	448	47%	613	39%	508	39%	930	40%	488	33%	652	40%	987	36%
［41 50］	318	24%	167	17%	343	22%	322	25%	516	22%	386	26%	299	19%	553	20%
［51 60］	47	4%	53	6%	157	10%	68	5%	108	5%	152	10%	113	7%	140	5%
［61 99］	17	1%	21	2%	51	3%	30	2%	42	2%	53	4%	46	3%	41	1%
平均	37		37		39		37		37		39		39		36	

表 14-2　2016 年 250 坯型尺寸偏差

宽度富余尺寸	1月		2月		3月		4月		5月		6月		7月		8月	
	块数	比例	块数	比例	块数	比例	块数	比例	块数	比例	块数	比例	块数	比例	块数	比例
[-40　-30]	12	1%	7	1%	11	1%	5	0%	8	0.4%	5	0.3%	1	0.0%	10	0.4%
[-29　-20]	28	2%	15	2%	18	1%	21	2%	14	0.7%	16	0.9%	19	0.7%	17	0.6%
[-19　-10]	20	2%	8	1%	26	2%	22	2%	8	0.4%	11	0.6%	33	1.2%	23	0.8%
[-9　0]	134	10%	84	12%	139	8%	98	7%	91	4.6%	43	2.4%	249	8.9%	157	5.7%
[1　10]	1046	81%	564	81%	1131	67%	1109	80%	1620	81.8%	1518	83.4%	2056	73.2%	2241	82.0%
[11　20]	56	4%	22	3%	375	22%	128	9%	240	12.1%	228	12.5%	451	16.1%	285	10.4%
平均	3		3		6		5		6		6		6		5	
宽度富余尺寸	1月		2月		3月		4月		5月		6月		7月		8月	
	块数	比例	块数	比例	块数	比例	块数	比例	块数	比例	块数	比例	块数	比例	块数	比例
[1　20]	82	6%	43	6%	130	8%	68	5%	99	5%	106	6%	110	3.9%	108	4%
[21　30]	307	24%	150	21%	343	20%	358	26%	361	18%	523	29%	758	27.0%	663	24%
[31　40]	517	40%	348	50%	739	43%	615	44%	742	37%	714	39%	995	35.4%	933	34%
[41　50]	272	21%	103	15%	330	19%	187	14%	529	27%	535	19%	716	25.5%	593	22%
[51　60]	74	6%	43	6%	86	5%	83	6%	191	10%	93	5%	189	6.7%	321	12%
[61　99]	37	3%	10	1%	68	4%	65	5%	57	3%	28	2%	39	1.4%	115	4%
[100　110]	7	1%	3	0%	4	0%	7	1%	2	0%	4	0%	2	0.1%	0	4%
平均	37		36		37		37		39		36		37		39	

（2）轧制原因。

1）粗轧宽度补偿值不规范。粗轧是进行宽度控制的主要岗位，粗轧进行宽度补偿时需要设定相应的补偿系数，轧制规格发生变化时重新进行宽度补偿设定，因系数不准造成宽度偏差，进而出现宽度超宽或过窄。超宽导致钢板轧制长度不足；宽度过窄受镰刀弯影响最终影响钢板剪切，最终导致钢板无法剪切定尺。

2）精轧厚度控制。精轧过程中通过厚度控制保证钢板轧制厚度控制在钢板公差范围之内，因钢板厚度公差是一个范围值，厚度控制直接影响钢板轧制长度。轧制厚度在保证公差范围之内，轧制厚度过厚使钢板轧制长度富余不足或富余量过小，可能导致钢板在线无法剪切定尺，出现长度不合带出品。负偏差轧制是一种产品偏向公差下限的生产方式，也是企业为提高效益、节约原材料、合理利用资源的有效途径，即有效资源条件下，生产出更多的满足要求的产品。因此负偏差轧制控制效果不佳，是影响钢板轧制长度主要制约因素之一。

3）轧制镰刀弯。从金属变形的角度讲，镰刀弯的产生是由于轧制过程中钢板宽向（特别是两侧）金属厚向变形不均，导致轧制钢板板形不良。轧制镰刀弯过大，直接影响后续精整剪切质量，在保证剪切宽度尺寸前提下，镰刀弯过大，直接导致剪切长度不足，从而产生长度不合带出品。

（3）剪切原因。

1）分段剪分段不均导致短尺。多倍尺薄规格钢板，因轧制长度尺寸过大，板形控制难度大，“镰刀弯”相对突出，如在线不分段，很难适应长钢板的剪切，经常因镰刀弯或毛宽不合适导致剪切过程卡钢，影响了生产节奏及剪切质量，造成改尺等工艺事故，严重影响了钢板的成材率。某公司对于轧制长度大于 30m 的钢板要求在线分段剪分段，而2016 年长度不合带出品 50%钢板母板轧制长度大于 30m，在线分段剪分段，如分段不均会导致富余尺寸较小的钢板容易产生长度不合带出品。

2）定尺剪头部剪切量过大导致短尺。如钢板轧制“镰刀弯”过大在线双边剪切无法在线剪切时，定尺剪进行头部剪切时为了防止因头部剪切量过小导致返切后产生未切净带出品，因而操作工习惯性尽可能加大头部剪切量。尤其是轧制展宽比小的窄板，头尾会出现“狗骨头”形状，定尺剪操作工习惯性在“狗骨头”位置剪切定尺，头部剪切量过大导致最后一定钢板毛尾不足定尺。

3）在线取样导致短尺。长度不合带出品钢板实际尺寸与合同尺寸相比短尺 0~150mm 占 36%。而按照取样管理办法在线取样板样坯尺寸 160mm×700mm，在线取样造成钢板毛尾不足定尺，见表 14-3。

表 14-3 2016 年长度不合钢板短尺

厚度规格/mm	块数	比例/%
[10 100]	124	26
(100 150]	45	10
(150 200]	57	12
(200 300]	84	18
(300 400]	44	9
(400 500]	45	10
>500	70	15

14.4 钢板质量检验控制措施

通过分析 2016 年长度不合带出品钢板厚度分布可知，钢板轧制厚度 6~40mm 占 99%，40mm 以上钢板只占 1%。见表 14-4。对公司而言，40mm 以下钢板几乎都通过精整设备在线剪切（机切）方式将轧制后钢板剪切成合同要求长度尺寸，40mm 以上钢板因受设备能力制约，只能通过离线火焰切割方式火切定尺。

表 14-4 2016 年长度不合钢板合同厚度分布

厚度规格/mm	块数	比例/%
[6 10]	60	13
(10 15]	123	26
(15 20]	172	37
(20 30]	77	16
(30 40]	30	6
(40 100]	7	1

根据2016年长度不合钢板数据分析，质量管理科将在线剪切钢板作为长度不合质量管理的攻关方向。根据公司生产实际情况，为了响应公司降本攻关的号召，重点从以下几个方面制定了质量检验及管理控制措施：

（1）分段剪卡量钢板长度异常及时沟通反馈。分段剪操作工发现钢板长度不富余（扣除毛头尾后小于200mm）无法分段时，不允许分段，需将钢板信息及卡量信息及时反馈给精整和质检岗位。翻板岗位接到通知后在三冷下线前测量钢板毛边长度尺寸，并根据实际尺寸情况在钢板头部划准剪切线，减少头部剪切量，最大程度保证钢板剪切长度尺寸，并将尺寸信息告知精整岗位操作工，精整按照划线位置进行精准剪切。

（2）加强分段剪分段均匀性监督力度。对于长度大于30m的钢板，分段剪操作工未发现钢板长度不富余，进行分段剪切时如分段不均导致其中一段富余尺寸过大，另一段富余尺寸过小，就会大大增加富余尺寸过小在线剪切无法剪切定尺的可能，产生长度不合带出品。为此，翻板质检检查工定期抽检分段钢板的长度尺寸，规范分段剪操作，确保分段的均匀性。

（3）定尺剪剪切异常时及时反馈。已经剪切双边钢板如定尺剪操作工发现长度不富余后，必须第一时间通知质检现场确认，如是取样板可以考虑毛尾下线后取样，严禁在线取样，以免导致定尺不足。另外，需返切钢板在线定尺剪发现毛尾不足定尺的，通知质检岗位要求火切定尺严禁在线返切。

（4）在线质检加大对毛边返切钢板加量尺寸的监控力度。双边未切需再次上线返切的，按规定定尺剪毛头子板长度加量100mm，如果加量过大，必然会导致最后一定子板富余尺寸过小，大大增加二次返切时无法剪切定尺的可能性。

（5）长度不合钢板信息积累及反馈。发现长度不合钢板，质检岗位将测量钢板轧制宽度、长度、实际厚度等检验信息反馈至轧钢和技术人员，为质量攻关提供必要数据。

（6）明确钢板责任划分。

1）需卡量钢板分段剪岗位负责轧制长度确认，如反馈长度异常，由翻板岗位质检测量长度，不足定尺的判定为轧钢责任；如长度能够保定尺的，分段剪未按质检划线位置剪切的划归定尺剪责任。

2）需卡量钢板分段剪岗位负责轧制长度确认，如未发现长度异常，出现长度不合的判定为精整分段剪责任。

3）非卡量钢板在线剪切定尺剪发现长度不富余的，如在线取样长度不合划归定尺剪责任。

4）双边未切需返切钢板，返切时毛尾不足定尺的划归精整责任；如质检判定毛尾下线火切取样保定尺的，进行二次上线返切无法保定尺的划归调度室责任。

（7）建立有效的奖惩机制。

1）需卡量钢板分段剪操作工发现钢板长度不富余的，通过后续工序挽救成功的对分段剪等相关岗位给予适当奖励。

2）已经剪切双边的钢板，如定尺剪操作工发现长度不富余的，下线火切挽救成功的对定尺剪等相关岗位给予适当奖励。

3）翻板岗位抽测分段钢板分段不均的给予分段剪操作工适当考核，给予翻板检验人员适当奖励。

4）在线质检岗位抽测返切加长量，加量过大的给予定尺剪岗位适当考核，给予质检岗位人员适当奖励。

14.5　效果

为了减少占比较高的长度不合缺陷带出品，控制带出品比例，质量管理重点从后道工序细化操作，降低带出品产生。通过制定上述一系列的管理措施，长度不合带出品指标由2016年上半年的238t/月降低到150t/月，有效降低带出品指标，减少了公司的经济损失。2016年长度不合带出品指标分布如图14-3所示。

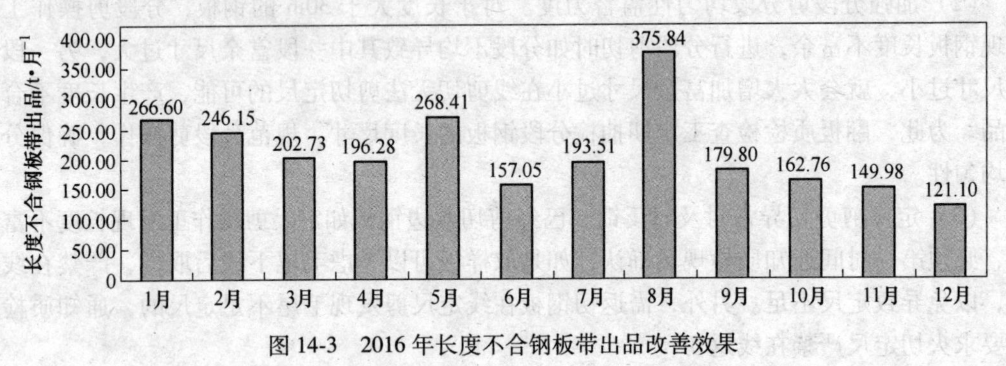

图14-3　2016年长度不合钢板带出品改善效果

14.6　结束语

本例重点讨论了公司长度不合问题产生的原因及控制措施，通过后道工序努力配合，从而降低带出品的产生，减少了公司的经济损失，增强了企业的竞争力。

15 锅炉板重点用户回访案例

15.1 引言

锅炉板20g、16Mng是制造工业及民用锅炉的重要原料，主要用于制造锅炉的承压体。锅炉厂在制造锅炉的过程中，会对此类钢板进行弯曲、卷边及扩孔等处理。在锅炉服役期间，此类钢板制成的部位要承受高温及较大的蒸汽压力。因为是用于制造锅炉等特种设备，所以相关标准和规范对其尺寸及性能要求比较严格。某公司每年都生产约2万吨的锅炉板，主要供给某制造船用锅炉的重点用户。

为了深入了解市场以及行业信息，更好地为用户提供优质产品，对使用本厂锅炉板的某重点用户进行了回访。此用户为著名的船用锅炉生产厂家，凭借其优质产品在国内及国际市场上占有相当大的份额。为了生产优质锅炉，该厂对锅炉用钢板的质量要求非常严格。

通过参观该厂的生产现场，发现他们对所使用的每块钢板都要进行喷砂处理，然后用自动测厚仪对整张钢板进行厚度测量。一旦发现有任何一点尺寸超差，钢板即不能使用。而按照国家标准规定，测量钢板厚度只用千分尺在距钢板边部和头部25mm处进行抽检，并没有充分考虑氧化铁皮以及同板差等问题对厚度的影响。因此，很可能由于钢板的横向或纵向厚度不均造成某点尺寸超差，从而使钢板无法投入使用。另外，由于所有钢板都要喷砂，所以对钢板喷号打印等标识要求必须非常清晰、准确。据介绍，在使用锅炉板时，出现过因为某一点或几点厚度略薄而使钢板被拒用的情况，也有少数钢板（5%左右）存在喷号打印标识被板上物体影响，辨识不清的问题。

15.2 原因分析

15.2.1 造成厚度不均的原因

某厂加热炉的入钢方式为推臂式，钢坯是在滑道上运行，与滑道之间存在滑动摩擦。滑道下表面是冷却水管，用于滑道的冷却，避免滑道长期服役在高温环境下遭到损坏。所以，滑道温度相对较低，钢坯与滑道接触面积的温度速度也比其他位置慢。由于产量逐步提高，但加热炉还是建厂时的旧式炉子，加热能力偏低，在轧制节奏快的时候，板坯炉时间不够充足，难以保证钢坯烧均、烧透。如果出炉钢坯的钢温不够均匀，则会导致轧件纵向同板差过大。

某厂使用的四辊万能轧机是20世纪30年代的产品，虽然经过多次升级改造，但仍有其不足之处。例如轧机缺少液压弯辊装置，在轧制过程，支撑辊有一定变形，从而影响钢板横向同板差。在一对维护完毕的支撑辊投入使用的前期，钢板横向同板差可控制在

0. 3mm 左右。但是随着支撑辊服役时间的延长，在辊期末轧制公称宽度为 2600 ~ 3000mm 的钢板时，横向同板差上升至 0. 8mm 左右。

由于同板差的存在，钢板厚度均匀性难以达到足够令人满意的水平。在轧制过程中产生的薄层氧化铁皮，也对钢板厚度尺寸有一定影响，厚板尤其如此。例如某张钢板在下线抽检时的厚度尺寸正好符合订货负偏差要求，但某一点有 0. 10mm 厚的氧化铁皮。在锅炉厂喷砂去掉氧化铁皮后，该点的厚度比生产厂内控尺寸薄 0. 05mm，则会使该钢板被剔除。

15. 2. 2　造成标识不清的原因

标识包括喷漆、钢印、标签等，它是钢板的身份证。清晰工整的标识不仅记录着钢板的等级、炉号、批号、板号、尺寸、生产日期、班次等信息，也映射着公司产品的形象和企业文化，这也是为客户提供优质服务的一项内容。

为了钢板装卸方便以及保证钢板平直，每个垛位的钢板都分成若干层小垛，每个小垛由若干片钢板重叠在一起。小垛与小垛之间用垫木隔开，在经过长期的经验积累之后，设定了垫木之间的距离以及垫木与钢板头部的距离。

但是，由于喷号操作区的位置与成品垛垫木的码放位置客观上存在着非人为因素的相互干扰，造成喷号位置不固定，致使大多数情况下码放的垫木正好压在喷号上，如图 15-1 所示。

而压在喷号区的垫木会由于外力的作用磨损喷漆标识；如果钢板温度较高，甚至还会将垫木中的松油烤出，污染标识，如图 15-2 所示。如此一来，则会影响钢板喷标的清晰度，影响交货钢板的外观质量。还有可能因为部分喷标信息的磨损，给使用方造成不必要的麻烦。

图 15-1　钢板喷标及与垫木码放位置重合

图 15-2　垫木松油污染标识

15.3　质量改进

针对上述原因，从增强质量检验服务职能的角度入手，采取切实可行的措施来确保钢板厚度尺寸合格，喷号标识完整无缺。既满足该重点用户的需求，为其提供更好的产品，也以此为契机，全面提高产品实物质量水平。

15.3.1　钢板厚度尺寸控制精度改进

供给该重点用户的所有钢板下线后转入探伤台，在探伤过程中对每块钢板进行整张多点测量，并用自动测厚仪测量钢板的中间位置，如图 15-3 所示。

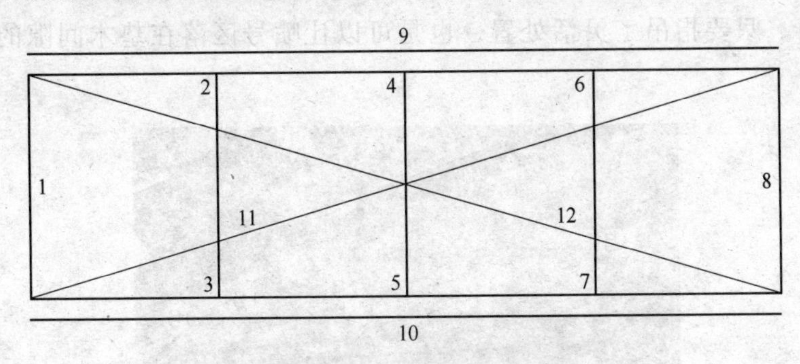

图 15-3　钢板尺寸测量示意图

1~8—厚度测量点；9，10—长度测量；

11，12—对角线测量；23，45，67—宽度测量

考虑到该厂使用钢板对厚度要求的特殊性，还调整了锅炉板厚度负偏差的内控标准，由原来的-0.25mm 调整到-0.15mm，并且只有整张钢板厚度都符合标准才按正品入成品库，以此保证钢板经过喷砂之后也都符合其使用要求。

为了从根本上减小钢板同板差，还对生产部门提出了两点建议。一是延长在炉时间，增加点炉个数保证钢坯烧透、烧均，以减少钢板纵向厚度差；二是建议增加换辊次数或增加平整道次，以减少钢板横向超差。

15.3.2 喷字标识质量改进

为了解决喷号位置与垫木码放位置相互干扰这一问题，经过实地测量和试验，提出如下方案：

喷号打印时由10号台操作工将钢板送至图15-4所示位置对准白线，超过挡铁约1m，这样可以使喷号区域错后1m（因为有1号龙门吊，考虑到安全，不让喷号工后移），喷号区全在同一位置。经试验，这样处理后大多数情况下码垛时木块可以避开喷号区。

图15-4 钢板喷号打字时，头部与白线对齐

需要注意的是：第一块垫木（1号）距离钢板端部要保证在500mm左右，其余垫木的间距可在1.5m左右，即使随着垛底垫铁而码放垫木，也能够保证错开喷号区。如果实在避不开，只要指吊工灵活处置，也是可以让喷号区落在垫木间隙的。如图15-5所示。

图15-5 垫木摆放位置

如果没有避开喷号区，成品挂吊工应保护喷号内容，将垫木避开喷号区合理码放垫木，作如下处理，如图15-6所示。

另外，为了保护喷号标识，严禁任何人踩踏标识区域，严禁一切其他物品遮盖标识。

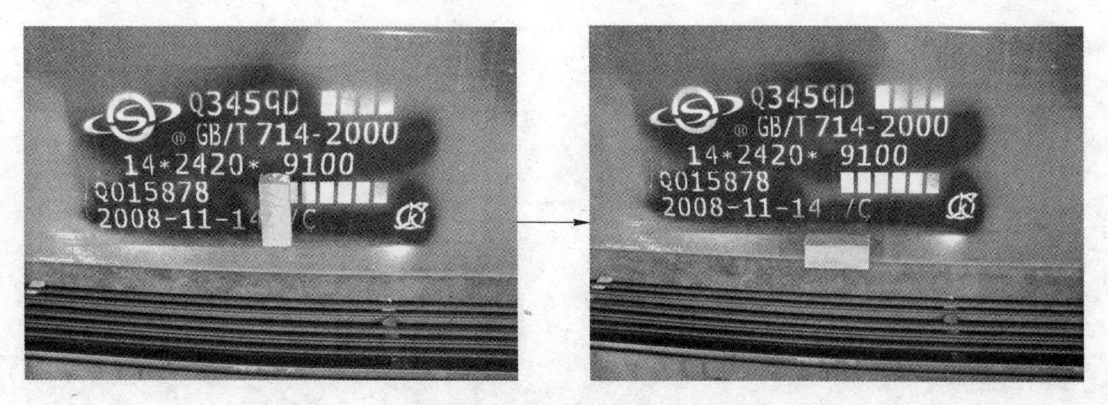

图 15-6　改变垫木放置方法

15.4　结束语

上述两项质量改进方法实施后，统计结果表明，钢板横向板差和纵向板差平均值都比以前有所减小，厚度尺寸命中率提高，再也没有发生过钢板喷字标识磨损或是被垫木松油覆盖的现象，用户也对产品厚度尺寸和外观质量的改进作出了积极评价。

随着中厚板行业竞争日趋激烈，只有积极主动地满足客户需求，才能使企业在激烈的市场竞争中立于不败之地。要增强质量服务意识，在日常工作中细心检查，及时反馈，并且有针对性地提出建设性意见，促使产品实物质量不断提升，从而更好地为用户提供优质产品，真正做到“人无我有，人有我优”，在用户中有良好的口碑，同时也为企业创造了更高的品牌价值。

下篇　棒线材生产

16　500MPa 级支护用锚杆钢筋的开发与质量控制

16.1　引言

锚杆钢是为了满足矿山建设需要而研制的一种钢筋，主要用于煤炭采掘巷道支护。随着我国煤炭工业的快速发展及安全管理的不断加强，锚杆支护作为煤矿井巷中加固的一种重要形式，由于其具有安全、高效、低成本等优点，逐渐被用户所接受、推广。锚杆钢筋的横肋旋向采用左旋，钢筋外形、尺寸及允许偏差要求更严，根据客户实际生产需求，棒材车间于 2013 年 6 月开始开发 500MPa 级支护用锚杆钢筋产品，生产初期由于工艺控制不当，锚杆钢存在头尾耳子长、椭圆度超差等质量缺陷，通过不断的技术改进，产品质量逐步得到用户认可。

16.2　产品开发

16.2.1　工艺流程

150mm×150mm 方坯→加热→粗轧机组→中轧机组→1 号冷却器→精轧机组（机间冷却器）→2 号冷却器→倍尺飞剪→冷床→定尺剪切→检验→包装→计量→入库。

16.2.2　力学性能要求

$R_{el}\geqslant 500\text{MPa}$，$R_m\geqslant 630\text{MPa}$，$A\geqslant 20\%$。

16.2.3　外形尺寸控制

按客户使用要求，尺寸控制精度见表 16-1。

从技术要求及用户要求两方面看，锚杆钢筋生产控制难度要远高于热轧带肋钢筋及热轧光圆钢筋。对于生产企业来讲，受产品技术特点及客户要求所限制，产品一旦出现不合格现象，将无法更改其用途，只能进行判废处理。

表 16-1　尺寸及允许偏差

规格	内径 d/mm		横肋高 h/mm		横肋间距 l/mm		直线度/mm · m^{-1}
	公称尺寸 d	允许偏差	尺寸 h	允许偏差	尺寸 l	允许偏差	
ϕ22mm	22.1	±0.1	0.9	+0.3	11.9	±0.4	≤2

16.3　开发过程出现的问题及其原因分析

棒材车间在生产 500MPa 级 ϕ22 锚杆钢筋生产初期，成材率仅为 90%，存在的问题主要是头尾部耳子长（头部耳子长度约 1.3m，尾部耳子长度约 0.6m）、不圆度超差、力学性能偏高、滚丝后冷弯开裂等。分析原因，主要有以下方面：

（1）头中尾尺寸相差大，不圆度超差原因分析。

1）活套控制精度不高。主要有几方面的原因：一是活套器结构不合理，起套轮和定轮间距太小，轧件起套时受到阻力干扰；二是套高参数设定不合理，形不成理想的活套，无法实现无张力轧制，且轧件尾部会产生甩尾现象；三是因辅助设施维护不到位，如活套扫描器镜头脏造成信号不稳定，活套辊转动不灵活、压缩空气泄漏等问题造成活套器套量不稳定等，在成品料上局部产生椭圆度超差现象。

2）主电机特性“软”。对于轧钢机来说，其负载冲击大，变化频繁，从而会使电动机产生动态速降，当轧机咬钢时，负载转矩突然增大，而电磁转矩没有变化，使电机开始速降。当速度调节器反应到转速下降而开始调节，通过电流调节器闭环调节使电磁转矩的输出加大，直到电磁转矩大于负载转矩，电机才停止速降、开始加速，恢复咬钢的速降。直到速度恢复到设定值，速度调节器输出首先要克服负载转矩，然后才产生加速转矩，升速恢复到原速度，因此说动态速降是调速系统固有的特性。在咬钢时主电机速降大，轧件头部咬入时有堆钢现象，造成头部耳子长。

3）孔型设计不合理。原有 K2 孔型采用平椭圆孔，给调整增加难度，且轧件两侧充填不好，易造成成品椭圆度超差；设计时未能充分考虑孔型不均匀磨损情况，生产时因精轧前穿水冷却不均，造成轧件截面四周温度不同，最终导致孔型中间磨损快、两侧磨损慢，成品孔型频繁倒槽，而且期间也会产生一定数量的不合格品，较大程度影响成材率指标。

4）导卫装置稳定性差。成品前轧件在咬入瞬间，对进口导卫冲击力非常大，轧机进口导卫瞬间存在抖动现象，现有 GA-30 型进口滚动导卫不足以承受此时的冲击力，造成成品尺寸纵肋方向忽上忽下的耳子废料。

5）工艺纪律制度不完善，各班组料型控制、速度调整以及样棒不统一，对生产总结有不利影响。

（2）力学性能偏高，滚丝后冷弯开裂。

1）控轧控冷工艺设计不合理。棒材车间 500MPa 级锚杆钢筋控轧控冷工艺采用控制开轧温度、精轧入口穿水和成品后穿水轧制的方法，优点是钢筋强度容易保证，缺点是中轧架次来料进入精轧机组具有边部温度低、中间温度高的特点，冷却不均匀现象严重，导致轧件在精轧机组料型尺寸变化大，致使成品滚丝冷弯开裂。

2）钢坯成分设计不合理。500MPa 级锚杆钢筋要求钢材的强韧性好，碳、锰、钒等成分设计不合理，致使 500MPa 级锚杆钢冲击性能偏低，屈服强度和抗拉强度偏高。

16.4　改进措施

（1）改进活套器、优化活套控制参数。首先对全线 6 个活套器进行结构改进，调整动、定轮的相对位置，消除起套时轧件受到的阻力，保证活套器在起套时能形成理想的套型。其次是优化活套程序控制参数，提高活套器的相应时间，并结合现场实际优化调整活套起套高度、起套延时、收套延时等参数（如成品前活套起套高度 280mm，起套和起套延时 10ms），同时加强对气缸、空气管路、电磁阀等辅助设施的点检和维护，保证了活套器动作灵敏有效。

（2）改进电机参数。为减少轧件咬钢瞬间电机速降造成的钢材头部耳子长度，首先对全线 18 架轧机的电机特性进行修改，提高电机“硬度”，减少咬钢时电机的速降情况。其次投入动态补偿程序，根据各架电机咬钢时的速降情况，分别设定相应的补偿量来抵消速降，即在咬钢前的某一时间使电机提前升速，使咬钢时速降后的轧辊速度与设定速度基本一致，持续一段时间后电机恢复到设定速度，开始以设定速度运行，减小了速降对轧制造成的影响。

同时，在电机动态速降补偿量的设定及补偿时间、活套起套时间、活套延时等方面，技术人员和调整工在今后的锚杆钢生产过程中，边调整边观察、测量，通过总结分析，不断优化参数，逐步缩短锚杆钢头部缺陷料的长度，使成材率指标稳步提高。

（3）成品、成品前孔型的重新优化设计。K1 孔的设计不仅要保证轧制出合格的产品，而且还有考虑到槽孔的修复和使用寿命，因此基圆直径设计在零线上，降低不良品钢材的发生率。原成品孔型为切线法设计，缺点是易产生纵肋，且因纵肋两侧尺寸超差致使倒槽频繁，后改为双半径圆弧法，效果良好，达到使用效果。

成品前孔 K2 孔的设计与调整过程、轧制的稳定性和成品质量息息相关，其在保证水平两侧横肋充满的情况下，还必须保证垂直两侧（宽度方向）为负差。所以 K2 孔由平椭改为设计成狗骨状，改进后 K2 孔型图如图 16-1 示。

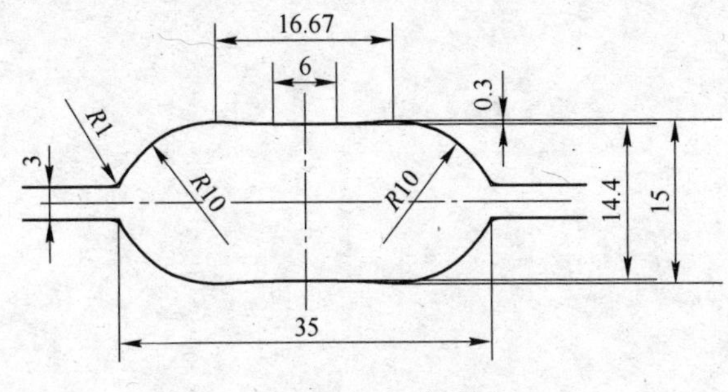

图 16-1　K2 孔型图

（4）改进成品与成品前导卫形式。针对轧件在进口导卫中不稳定的情况，改进成品轧机进口滚动导卫形式，由 GA-30 型改为 DR30A 型。后者为前后双排轮设计，提高了轧件咬入瞬间和轧制过程中的稳定性，减少了锚杆钢通条尺寸的波动。

（5）通过规范工艺纪律，优化各道次轧件实料尺寸，统一滚动导卫样棒和导卫安装，各班组必须严格按规定执行，使锚杆钢的调整质量逐步提高。

（6）优化控轧控冷工艺。500MPa 级锚杆钢筋生产时精轧前穿水器水量大，中间与两边会产生严重冷却不均匀现象，为此，采取降低精轧前穿水水量与提高冷却压力的方法，很好地解决了此类问题。

（7）钢坯成分设计的优化。主要思路是减少钢材宏观和微观应力集中源，要求钢坯洁净度高、成分均匀，有害元素磷、硫含量低，氧、氢、氮等气体少，适当减少钒合金含量，控制碳、锰合金成分含量。

16.5 结束语

通过以上措施的实施，棒材车间生产的支护用锚杆钢筋产品质量稳步提高，完全达到了标准要求，尺寸合格率达到100%，成材率提高到97%以上，杜绝了产品质量异议，产品竞争力明显增强，经济效益明显。

17　H 型钢生产中的几个关键问题

17.1　引言

在国内经济下行压力较大和全球经济不稳定的形势下，提高钢铁企业产品质量，实现企业由以量取胜到以质取胜的跨越是企业得以生存的唯一出路。某公司 H 型钢厂的产品，由于进入市场比国内同行业较晚，市场占有量及产品知名度较低，更得以高质量产品来获得更多的市场空间。因此消除 H 型钢生产过程中占 H 型钢成品质量问题中最大比例的轧制缺陷尤为重要。

某公司热轧 H 型钢生产线，全套技术及关键设备引进于德国西马克公司，年设计产量 60 万吨，主要产品是 H 型钢。2007 年 8 月建成投产，至今已经生产合格 H 型钢产品 300 多万吨，品种拓展至 13 个系列 20 个规格。

17.2　热轧 H 型钢制造方法简介

热轧 H 型钢采用先进的 CCS 结构（紧凑型万能轧机），它有三个机架：万能粗轧机 UR，轧边机 E 和万能精轧机 UF。由于设备紧凑，牌坊开口非常小，水平机架的刚度提高了 70%，立式机架刚度提高了 30%，而且轧机牌坊由于液压取代了电动压下调整，机构简单。轧机设计方式适用于生产各种型钢，改善产品质量，降低生产成本。轧机导卫固定在水平轧辊的轴承座上；换辊为整体更换（带辊组、导卫、三机架可以单独或同时更换），CCS 轧机的机架为两半边牌坊组成，操作侧牌坊可以打开，通过液压方式，由张力螺杆锁定。E 机架可以左右横移，它是随轧件移动，轧制力比较小，辊身长度是 1200mm。传动侧和操作侧的牌坊可以分离，操作侧牌坊可以横移。传动侧和操作侧通过四个拉杆拉在一起并液压锁定。采用往复式的 X-H 轧制法来生产 H 型钢。

17.3　工艺流程

异型坯加热→出炉→高压水除鳞→开坯机可逆轧制→万能轧机可逆轧制→热锯切尾分段、取样→上冷床冷却→八辊矫直机矫直→层料编组→定尺锯切→堆垛→打包→收集→检验→入库。

17.4　万能轧机法的优越性

可以轧制尺寸精度较高的产品。因为水平辊的辊身长度相对较短，弹跳较小，并且不均匀变形也比较小。

产品的表面较两辊孔型轧制的产品更光洁。因为孔型内各处的辊径差相对较小，工具与轧件之间的滑动较小，表面划痕小。

可以轧制两辊孔型根本不能轧或很难轧制的产品。如Π型钢和 H 型钢。

三向压应力状态较强，有利于低塑性金属的变形。

产品收得率高。例如由于不均匀变形较小，切头和切尾的损失小。

变形效率高。对于边部（凸缘），一道的压下效果大于或等于两辊孔型的两道次。

可以轧制尺寸精度较高的产品。因为水平辊的辊身长度相对较短，弹跳较小，并且不均匀变形也比较小。

少扭转、少翻钢、导卫简单。

可简化辅助设备。

轧制力相对较小，能耗小。

轧辊形状较简单，不均匀变形小，轧辊磨损轻。同样材质的铸铁辊轧工字钢单孔寿命可提高 3~5 倍。

调整方便。由于孔型形状简单，秒流量的计算较准确，易于实现连轧。

17.5 设备配置及特点

某公司中型 H 型钢厂设计年产量为 60 万吨，由德国 SMS Meer 公司进行基本设计，并对主要设备进行详细设计和制造，其余辅助设备由国内进行技术转化、详细设计和制造。H 型钢厂采用国际先进成熟的轧机机组和轧制方法，以及先进的控制技术。

该厂采用最先进的中型型材轧机，尤其是带有液压压下的 CCS 万能机架、应用 X-H 轧制技术以及配套的二辊可逆开坯机、步进式加热炉、带喷雾冷却的步进式冷床及优化的精整设备。坯料采用近终型异型连铸坯，在串列可逆连轧机中采用 X-H 轧制方法，比传统的轧机工艺布置减少了轧机机架、轧辊及导卫数量，使得生产设备投资费用大大降低，是一种极具竞争力、生命力的工艺生产方式。

17.5.1 加热炉

加热炉为 3 段式端进端出步进式加热炉，加热能力 180t/h，入炉坯料参数：规格为 430mm×300mm×85mm，加热钢种为碳素结构钢、桥梁结构钢、船体结构钢、低合金钢、耐候钢，燃料为高焦炉混合煤气，步进梁冷却方式为水冷却。

异型坯入炉有两种方式：热坯由提升机从连铸坯输送辊道上将坯料提升至上料台架上，然后经入炉辊道入炉；冷坯由行车吊运至上料台架，然后经入炉辊道入炉。先进的步进梁式加热炉装备空气预热式加热系统，高炉煤气和焦炉煤气的混合煤气用作燃料。加热炉由炉前装料装置装料并由出钢装置通过炉门出料。

装料机从加热炉入炉辊道上移动坯料到合适的炉内位置。所有钢坯在加热炉中按照合适的间隔步距前进，直到钢坯放在出炉辊道的位置上。

17.5.2 轧机

轧机由开坯机和万能轧机组成。

轧机导卫横梁均固定于轧机轴承座上，换辊时导卫与轴承座一起更换，从而大量节约换辊时间，具有高效的作业率。

轧机布置形式属于“1—3”布置形式，即 1 架开坯机 BD，1 组万能轧机组（3 架轧机），万能轧机组布置形式采用 CCS 紧凑型卡盘式轧机布置形式，紧凑型卡盘式轧机由 1

架万能粗轧机 UR 和 1 架轧边机 E 及 1 架万能精轧机 UF 组成，轧件采用“X-H”轧制法同时在 3 架轧机间形成往复连轧。

17.5.2.1　开坯机 BD

操作侧和驱动侧牌坊分别采用整体铸造闭口式结构，由横梁将两片牌坊连接为一体。开坯机上辊采用蜗轮蜗杆电动压下装置，从而满足开坯机各不同道次间辊缝变化量大和变化速度快的要求，压下装置与轴承座间设有可测量轧辊两端压力的防卡钢液压缸，发生卡钢现象，压力大于 500MPa 时防卡钢液压缸自动泄压，辊缝瞬时打开从而防止断辊或轧机的损坏。轧辊的轴向调整和锁紧通过操作侧液压缸驱动的轴向调整装置和锁紧装置实现。

坯料通过高压水除鳞，喷嘴处压力约 160~180bar。除鳞后坯料送到串列轧机前面的二辊可逆粗轧机进行轧制。粗轧机前面的和后面的推床按照轧制程序把坯料送入孔型。如果需要，坯料由钳式翻钢机翻转。根据坯料的尺寸，在开坯机中主要轧制 5~7 道次（最多 9 道次）。开坯机的轧辊辊身长 2300mm。

17.5.2.2　万能轧机组

该机组配备有先进的 TCS 和 MSC 控制技术，轧制时，万能轧机将会被放进万能机架，在操作之中同样采用 X-H 轧法，第一架轧机采用 X 孔型设计以及第二架轧机是根据最终产品而配置的 H 孔型。万能轧机的四个轧辊所组成的孔型一般有两种形式：X 孔型和 H 孔型。

X 孔型立辊带有一定的锥度，并且以水平轧制线为中心上下对称。这种孔型的优点是：有利于轧件的延伸，可以使轧件很快减薄，并且在相同的压下量的情况下，轧制能耗比 H 孔型低，因此在万能粗轧、中轧机机组中多采用这种孔型。H 孔型的立辊是圆柱形，精轧机必须采用这种孔型。

轧件在 X-H 孔型中进行可逆连轧，由于第二架万能轧机采用 H 孔型，所以可以直接轧出成品，从而省去了精轧机组，生产线长度大大缩短。X-H 轧制法最大的优点是占地面积小、投资少、效益大、成品低。采用 X-H 轧制法，比原始的单列往复串列布置机组产量提高 55%，轧辊成本降低 33%。

17.5.3　热锯、冷床、矫直机

热锯为摆式切头锯，锯片直径为 ϕ1800mm。冷床为带喷水装置步进式，长 86.4m，宽 17m。矫直机为八辊悬臂式，辊距为 1100mm、1250mm、1400mm。

在串列式机组之后有一台热锯，用于切尾、分段及取样。在进入冷床前，长度比冷床长的产品被分成两段。切尾取样定期进行。

轧件通过热锯之后进入冷床。冷床为液压控制的步进梁式冷床，提供全部产品结构的冷却。冷床下通过把水强迫雾化，可以提高冷却效果和冷却速率。一套输出运送装置将轧件从步进梁上输送到冷床的输出辊道上。如果后面区域出现故障，可以在冷床缓冲 2 或 3 支料（根据轧件尺寸而定），成品出冷床温度为不超过 80℃。

轧件出冷床后进入矫直机。矫直机为八辊悬臂式，其矫直辊通过液压锁紧螺母固定在矫直轴上。为了覆盖所有产品范围，矫直辊在水平方向上有不同的固定间距。对于设计的产品结构，在冷床长度范围内提供单线矫直。最大矫直速度约 6m/s。咬入速度大约

1.5m/s。

在矫直机后成品将会在编组台架上收集，为轧件完成编组。产品编组后将会通过一台移动冷锯和一台固定冷锯锯切成定尺，在固定锯后面配有一个长度测量装置。另外也可在固定冷锯完成切尾，并移走可输送的短尾。

17.6 H型钢生产中的几个关键问题

17.6.1 加热温度控制

轧制普通棒线材时，普碳钢加热炉的出钢温度范围1050~1150℃，低合金钢的温度范围也是1050~1150℃。轧制H型钢时，由于腹板、翼缘较薄，且与空气接触面积大，料型散热快，通常要求有较高的加热温度，Q235A的加热炉的出钢温度为1230~1260℃，开坯机的终轧温度大于等于1050℃，万能轧机开轧温度为大于等于950℃，Q345D加热炉的出钢温度1250~1280℃，开坯机的终轧温度大于1080℃，万能轧机开轧温度大于等于970℃。轧制不同类型的H型钢时，加热温度也有不同要求。轧制H250×250、H500×200的规格时，加热温度应高于其他规格。

17.6.2 开坯机轧出的半成品尺寸控制

要求开坯机轧制出的半成品尺寸必须上下、左右对称，比较规整。轧件外形对称是保证成品质量的重要环节，如果轧件不对称，严重的缺陷带到成品上则无法消除。

在生产H300×150、H300×200规格时，由于开坯机轧制道次多，翻钢动作复杂，生产过程不好控制。特别是两道立轧共用一个箱形孔型，由于第二道立轧时，轧件翼缘宽度小于箱形孔型内宽，导致轧制过程中扶不正轧件，出现轧偏现象，料型不规整，不对称，给万能轧机调整成品料带来了难度，成品料型易出现腹板偏心，通过采取相应措施，在开坯机、万能机组UR、E、UF上反向调整轴向才能调整出合格的产品。

17.6.3 万能轧机的调整

17.6.3.1 轧制中心线和辊缝的标定

轧制线必须与立辊中心线一致，否则，即使开坯机来料尺寸规整，也会形成成品缺陷，如腹板偏心等。轧制线标定时将万能轧机辊缝完全打开，然后上下水平辊与立辊到标定位。将100mm的垫铁放在立辊和下水平辊上，上辊下压到接触力设定值，下辊上压到接触力设定值，增大水平辊的压力到标定力设定值，并保持5s，打开辊缝到最大位，轧制中心线标定完成。

每次换辊和换工艺后都需要进行辊缝标定，辊缝标定不准，也会形成成品缺陷。整个标定过程都是自动完成。

17.6.3.2 成品尺寸调整的原则

万能轧机调整遵循由末道次到首道次的规律，当成品的调整量确定后，如何将调整量均匀地分配到各个道次和各个机架上就得参考轧制力来确定。轧制压力大的分配的调整量差值相对较小，轧制压力小的分配的调整量差值相对要大一些，从最后一道到不再进行调整的那个架次之间，每个架次之间调整量的差值累计应为总的调整量，同时还要考虑主电机的能力。在调整量分配时还应根据此规格的翼缘的厚度来分配调整量的差值，翼缘的厚度小的给定较小差值，厚度大的给定较大的差值。在进行调整时必须保证腹板和翼缘延伸系数的关系不被破坏。一般由于尺寸形成的缺陷有腹板和翼缘厚度超差、翼缘厚度不等、翼缘腿长度不等等。

17.6.3.3　成品腹板偏心的调整

A　腹板偏心产生的原因

(1) 开坯机孔型磨损。在轧制过程中，BD机下辊比工作辊道面高出约10mm。轧件对下辊的孔型冲击大，下辊的孔型磨损比上辊的大，多次轧制后不及时车削，轧件出开坯机的下翼缘比上翼缘厚。在万能轧机轧制时，下翼缘的压下量比上翼缘大，下翼缘的宽展比上翼缘大，即下翼缘的腿要比上翼长，成品会出现偏心缺陷。

(2) 开坯机轧辊的轴向错位。开坯机轧辊的轴向错位，造成开坯机的成品轧件对角翼缘金属量相对等，上下翼缘金属不等。在万能轧机轧制时，金属量多的对角翼缘压下量大，宽展大，翼缘腿长。另一对角线翼缘宽展则反之。这种情况下，也会导致轧件腹板偏心。

(3) 万能粗轧机轧制线误差。如果UR水平辊的轧制线与立辊的轧制线不在一条线上，较厚的上翼缘或下翼缘就会出现在UF前，就会引起上翼缘或下翼缘更多的延伸，从而导致上下翼缘腿不等，产生腹板偏心缺陷。

(4) 万能粗轧机UR水平辊轴向错位。当UR轴向错位时，轧件通过UR时轧件上下翼缘金属厚度不等，经UF轧制时，翼缘厚的一侧压下量大，宽展大，成品轧件对角的翼缘腿长度一致，上下翼缘腿长不一致，产生偏心。

(5) 轧边机E水平辊轴向错位。当E轧辊的轴向不一致时，由于轧边机控制轧件翼缘高度，轴向错位会导致轧件对角的腿长一致，而上下腿长不一致，产生偏心。

(6) 轧边机的腿部压下量过大。万能轧机轧制最后一道次时，轧件的翼缘很薄，接近成品轧件，轧边机在这一道次的压下量过大，会将轧件翼缘压弯或将轧件翼缘端部镦粗，在万能精轧时，翼缘的压下量不一致，宽展不一，产生偏心缺陷。

(7) 升降辊道和上下的腹板导卫位置不合适。万能轧机的升降辊道或腹板导卫位置不合适，轧件咬入万能孔型时，轧件腹板和万能孔型的中心线不重合，容易产生上翘或下弯从而导致腹板偏心缺陷。

(8) 上下翼缘温度差。万能轧机形成连轧时，轧件上翼缘和腹板与轧辊形成一个封闭的水槽，轧辊冷却水浇到轧件腹板上排放不掉加剧了上下翼缘的温差。下翼缘温度比上翼缘温度高，宽展大，下腿比上腿长，出现腹板偏心。

B　成品腹板偏心解决措施

(1) 开坯机孔型定时定量车削，及时修正孔型。

(2) 换辊后，检查开坯机轧辊和万能粗轧机的轴向位置，保证轧辊对正对中。

(3) 定期对万能机组轧制线进行标定，保证万能轧机的轧制线高度一致。

(4) 合理修正调整各道次的压下量。

(5) 根据轧件截面尺寸和实际情况调整升降辊道，保证轧件腹板在万能轧机咬入时能对正轧制中心线。

(6) 腹板导卫上加装防水装置和轧件腹板吹扫装置，减少轧件上下翼缘的温差。

(7) 热轧 H 型钢轧制偏心产生原因很多，有时会是交叉作用，只有针对不同原因具体分析，才能找到正确的解决措施。其实控制腹板中心偏移的主要因素是轧边机架。保持轧边机辊和腹板之间的辊缝在一个最小值（标称值为 1.5mm）是让这个问题得到控制的最好方法。

17.6.3.4　成品腹板、翼缘波浪的调整

A　腹板、翼缘波浪产生的原因

(1) 当腹板的压下率大于翼缘压下率时，腹板上的金属向前延伸受到翼缘的牵制，得不到完全延伸，多出的长度只能在翼缘之间被压制成波纹，即腹板波浪。

(2) 翼缘波浪形成正好与腹板波浪相反，出现的原因是翼缘的压下量远大于腹板的压下量，即出现翼缘波浪和翼缘端部波浪。

(3) 还有一种原因是在轧制过程中，翼缘与腹板的延伸比例不相符，但是还没有在红样上表现出来，在冷却的过程中，内部应力释放时形成腹板冷却波浪，这种原因造成的波浪具有更大的欺骗性，生产过程中应加以注意。

B　成品腹板、翼缘波浪解决措施

(1) 万能轧机在自动轧制过程中，任何一道次都有可能出现腹板波浪，并且直接影响到成品出现腹板波浪。主要的调整方法就是减少腹板压下量或增加翼缘的压下量。如果成品第五道出现腹板波浪，首先考虑第五道 UF 腹板压下量是不是太大，如果是，则适当减少腹板压下量，如果不是，则再考虑 UR 的腹板压下量，或再往前各道次的腹板压下量，确定后再做出正确的压下量调整，减少腹板压下量或增加翼缘压下量，决定采用哪一种调整方法和调整量必须基于样品的测量结果和各道次轧制力分配情况。轧制过程中保证第 4、5 道水平辊轧制力小于立辊轧制力能有效改善这种缺陷。另外，开坯机孔型磨损，轧辊弹跳大，导致开坯机来料腹板就厚，进入万能轧机后腹板压下量大，延伸大，也容易出现腹板波浪。所以生产过程中要经常观察开坯机的料形，适时调整，保证开坯机来料能满足万能轧机的需要。

(2) 翼缘波浪解决措施是翼缘波浪如果出现在成品，首先考虑 UF 翼缘压下量与腹板压下量是否匹配，适当的增加腹板压下量或减少翼缘压下量，保证轧件各部分金属流动处于一种平衡状态能有效消除此缺陷。调整时，如果有必要为了让腹板压下量匹配于翼缘压下量，也可以适当调整开坯机辊缝，增加来料的腹板厚度。

翼缘端部波浪是因为翼缘上的波浪被成品轧辊矫直了，多余的金属材料被强压进翼缘长度方向无目标的延伸，然后在翼缘端部出现起伏的波浪。如果出现端部波浪，首先观察轧件的轧制情况和各道次红样，分析轧件波浪出现在哪个道次哪个机架，确定后有针对性的对其水平辊立辊辊缝进行调整，逐步消除端部波浪。

(3) 为了削除腹板冷却波浪，就必须合理匹配各道次的压力，在前三道的轧制中，可将腹板与翼缘的延伸比适当小一些，控制在 1∶1.5 左右，在第四道控制在 1∶1.6 左右，最后一道控制在 1∶(1.7~1.8)，就可以最大程度地减少腹板冷却波浪的出现概率。

17.6.3.5　成品腿厚不均的调整

这种缺陷有两种情况。一是左右腿厚不均，这主要是由于左、右立辊与水平辊侧面形

成的辊缝值不同造成的。在这种情况下轧制，会出现轧件向腿厚方向弯曲，即侧弯。这时需要轴向调整水平辊的位置，使左、右辊缝相等。其次是两个对角方向的腿厚不等，这时往往伴随有腿高不等的现象，这主要是一个水平辊左、右错位或上、下水平辊同时左、右错位，使各部分辊缝不等造成的。这时轧件会出现扭曲现象，这也可通过轴向调整水平辊来消除。

17.6.3.6 折叠及翼缘厚薄不均的调整

折叠实际上是一个“被轧入的裂纹”，在成品上仅凭肉眼很难看出来。成品内部出现折叠直接影响到钢的物理性能，所以必须避免这种缺陷的出现。通过合理调整开坯机辊缝，保证开坯机来料不要过充满，及时更换磨损严重的旧辊系等措施能有效地避免折叠的出现。翼缘厚薄不均的主要原因是UF立辊偏心，轧件翼缘宽度间断变化，宽度大的地方翼缘薄，宽度小的地方翼缘厚。增大立辊辊缝，减少立辊压下量能稍微地改善这种缺陷。如果翼缘厚薄相差太大，则需更换新立辊。

17.6.3.7 其他一些产品质量问题

（1）折叠。折叠是一个术语，用来描述在轧制过程中导致金属在某处被折叠并随后又被轧制的一种缺陷。这个缺陷常常很难在成品上看出来，但是，它实际上是一个“轧入的裂纹”，沿着轧件无论跑多长，这种缺陷都必须避免。有时候在后来的道次中，轧件像一个很暗的影子或一条线被轧制时，可以看到这种缺陷，或者在试样上通过轻轻地打磨表面可以被发觉。折叠的深度，可以通过打磨样品直到折叠除去，再来测量的方法来确定。

增加加热炉的出炉温度，有时候可以消除折叠，但是，观察，特别是在BD机架处，可以确定折叠的原因，改变轧制图表有时候可以有所帮助。磨损了的BD工作辊也可能会导致折叠。作为持久稳固的措施，需要修改辊子的孔型设计来彻底消除这个问题。

（2）压折。压折也是折叠的一种。当材料被挤压到轧件的腹板上时会产生压折，是在BD机架中或是在第一次进入UR机架时形成的，通常在轧制温度太低时会发生，结果材料没有在水平辊上得到正确地延伸。

（3）孔型未充满。孔型未充满是没有足够的材料填充想得到的断面时产生的缺陷。通常发生在翼缘的内面和（或）翼缘端部。当用大方坯轧制时，常在前后有一个区域填不满，特别是大型型钢。有必要在热锯处切去这些受影响的区域。如果是沿着整个轧件都填不满，有时候就可以通过增加翼缘的压下量（相对于腹板而言），改变目标尺寸或者在BD机架上减少腹板的厚度，来减轻这个问题。

（4）导卫痕迹。如同术语暗示，这个缺陷是由某个接触很强硬的导卫产生的，贯穿整个产品长度的导卫痕迹位置表明哪个导卫可能导致这个缺陷，比如上腹板上的痕迹将暗示某个上腹板导卫，在轧制过程中加以观察，就会精确地显示哪个导卫导致这个问题，常常是与轧件有接触的导卫在轧制产品时可以见到“火花”。如果缺陷可能严重影响产品的销售，就有必要采取去掉或调节导卫的步骤，擦痕的外观可以显示轧制过程中发生的时间，如果擦痕的外观暗淡，就已经经过了几道轧制且在UF最后一道之前就有了。如果擦痕光亮，那么就是在最后一道轧制时发生的。

有时候控制导卫的位置，就可以把问题减轻，例如，如果轧件升起后碰到上导卫，就可以采取步骤减少提升高度，这样就可以减少或消除导卫痕迹。导卫痕迹常常是由输出侧问题引起的，特别是钩头或拱形。

17.6.4　矫直机

17.6.4.1　矫直机的矫直调整

H 型钢厂目前采用长尺矫直方式，因来料弯曲程度存在较大差别，为使产品合乎标准而采用了大变形矫直方式，从而产生了 H 型钢表面氧化铁皮破坏，使得 H 型钢表面锈蚀严重，有些型钢在翼缘和腹板之间产生微裂纹或断裂等缺陷，严重影响了产品形象。

矫直的目的不但是使型钢各处的残余曲率趋向一致，而且还要求各处的残余曲率都趋近于零。这就要求材料不仅应该受到多次反弯，还要有反弯量的逐渐减少，一直到等于纯弹性反弯为止。交错配置的多辊矫直机正是可以满足上述要求而被不断完善的矫直设备。

在怀疑调整的正确性或编码器有缺陷和更换时，零标点必须校准，以上两种情况轧制的矫直程序不需停止。

17.6.4.2　缺陷产生的原因及分析解决

A　上下弯

上下弯是矫直过程中首先要消除的缺陷。其产生原因是：

（1）来料在冷床冷却过程中由于冷却水不能均匀分布在型钢表面，或者某一部位水量过大、过小都会使型钢产生不均匀的上下弯曲。另外精轧时上下轧辊辊径相差过大，上下表面的延伸率不同，来料上下表面温度不同都会使型钢产生均匀曲率的弯曲。出口导位位置过高或过低，也会使型钢产生上弯或下弯。

（2）矫直辊辊径相差过大，安装时位置有误，被矫钢材的终轧温度发生变化，矫直过程中由于矫直零位标定不准，各辊压下不合理，BH 值与矫直辊间距匹配变化，成品圆角与矫直辊圆角相差太大都会对上下弯产生影响。过钢节奏突然改变，来料翼缘厚度变化较大的时候，腹板偏心较大、下冷床时钢温过高，下冷床时腹板与翼缘温度相差 40℃以上时会使型钢矫后变形突变。

处理措施：

（1）由于冷却不均匀，轧制产生的弯曲应该仔细观察，提前做好准备，在进行调整时应该充分考虑。为消除不均匀变形，首先应该使 2 辊压下达到塑变状态。消除型钢原有变形，达到统一的变形状态。

（2）保证合理有序的过钢节奏，加大矫直测量次数，确保矫直中心在一条直线上。制定矫直辊装配标准，保证安装正确，有据可查。建立 BH 值与矫直辊间距的关系，做到合理配辊，保证辊缝在 1~3mm 之间。加强对 H 型钢圆角部位的卡量，确保成品圆角比矫直辊圆角小 2~3 个，同时也可避免圆角裂的发生。做到对来料勤测量，保证各部位温度一致，或者温度均在 50℃以下。

现场调整方法：

首先确定所需压力的大小，主要取决于以下几方面。被矫钢材的品种、规格；矫直机的辊距及辊子数量；待矫钢材的原始弯曲程度；待矫钢材的终轧温度；被矫钢材的力学性能；被矫钢材的矫直温度。首先应该慢速试矫，观察各辊压下变化，入口水平辊，出口水平辊位置正确后，根据矫后型钢弯曲形式进行相应调整，见表 17-1。

表 17-1 调整方式

矫后各定尺曲率不一致	2辊落
矫直后整体下弯	8辊升，4辊落，6辊落
矫后整体上弯	8辊落，4辊升，6辊升
矫后头部下弯	6辊落，8辊落，2辊升
矫后头部上弯	6辊升，8辊升，6辊落
矫后尾部下弯	4辊落，2辊升
矫后尾部上弯	4辊升
矫后头部上弯，尾部下弯	4辊升，6辊落，8辊升
矫后头部下弯，尾部上弯	4辊落，6辊升，8辊升

B 侧弯缺陷

对于侧弯调整要做到预判。型钢侧弯的形成主要有以下几个方面。

（1）轧机轧制形成。主要原因有轧机导卫，耐磨板有松动现象，或者没有对正，使型钢出孔型的时候受力不均，而出现侧弯，如果导卫没有对正，也会伴有扭转现象出现。如果轧机各道次压力分配不均匀也会形成侧弯，主要可以从各道次型钢弯曲方向判断，对于成品，可以很直观地看到两侧翼缘的延伸量不同，正常的轧制时两侧比较对称，相差不大，明显时相差有 50~70cm 左右。直接导致两侧翼缘厚度不一致，自然会有侧弯出现。两侧翼缘厚度相差明显，也会引起侧弯。

（2）冷床形成。冷床不同步；当型钢上冷床以后，由于喷水的原因，有的型钢只有一侧进入冷却区，这是就会出现一侧收缩比较明显形成侧弯，这种现象需要冷床操作工及时观察型钢冷却是否均匀，才能有效避免。当空冷，或者水冷时，连续过钢条件下每支型钢的两侧翼缘会有近 100℃的温差，这也是形成侧弯的一个原因。当连续过钢时前后两支钢温差近 300℃，容易出现烤弯前一支钢的现象。尤其在长时间停车，再轧钢的时候。对于长时间停在水区的型钢，在热能的作用下，水蒸气形成温度的保护层，型钢与型钢间距内的热量不能有效散去，形成成对的相向弯曲。出现以上弯曲时应该分清型钢弯曲的主次原因，才能做出正确的调整方式。当轧机形成的曲率过大时就应以出轧机时的弯曲方向为主，如果弯曲不明显就应以冷床形成的弯曲为主。

（3）矫后的弯曲主要原因为轴向零位标定不准，立辊力过大或过小。

处理措施：

（1）注意轧机来料情况，做到预先判断。尤其是开轧的第一支钢。

（2）优化水量，优化步距，尽可能地使型钢完整进入水区，加强现场通风，保证型钢进入水区前温度小于 400℃。水冷时间不宜过长，因为冷却时翼缘为拉伸—压缩—拉伸过程，腹板为压缩—拉抻—压缩过程，所以过长时间冷却就会引起较大的侧弯并伴随下弯、上弯现象的出现。

（3）做好矫直机轴向零位标定，合理利用轴向。经常观察立辊碰钢程度，做到准确调整。

具体调整：

首先确认矫直采用的矫直方式，以大压下为例。因为在大压下矫直时，型钢翼缘发生全速变，产生金属流动，使两侧翼缘合理拉伸压缩，有利于侧弯的矫直，对于窄翼缘型钢更为明显，在同位相对弯曲的情况下，适合用相同的方式矫直。

17.6.4.3　扭转与侧壁斜度超差

扭转产生的主要原因：一是精轧成品孔出口侧导卫板高度调整不当，使轧件受到导卫板一对力偶的作用而发生扭转；二是在各辊轴向相差太大或者出入口的水平辊位置不当的时候，以及采取矫正侧弯的方式不对的时候，引起扭转。扭转出现时会看到型钢刚出矫直机时头部存在摆动，抛出矫直机后能够明显看到扭转。侧壁斜度产生原因主要是：辊型不正；压力过大，型钢与矫直辊间隙过小；辊子磨损、矫直机轴窜动过大，在液压螺母没有锁紧时或者止推轴承磨损过大时都会引起侧壁斜度。

扭转的处理措施为调整成品孔侧导卫板，保证其过钢时与型钢间间隙。明确轴向位置，加大矫直压力。不要单独打 8 辊轴向，调整侧弯时以每相邻 3 个辊为一个调整单元，保证矫直稳定性。侧壁斜度的处理措施是经常注意检查各辊轴向位置，窜动情况，做到多观察，勤测量。

17.6.4.4　啃伤、矫裂、矫痕、钢材的波浪弯

产生啃伤缺陷的主要原因是辊型不正确，辊子表面有瘤，辊型磨损严重等。另外，入口导板过宽或偏斜等情况均能引起钢材啃伤。

矫裂产生的主要原因是多次回矫，产生加工硬化；矫直力过大；冷却不均匀，出现骤冷的情况；腹板与翼缘金属延伸比严重不平衡。

矫痕产生的原因是矫直辊环黏有氧化铁皮或者其他金属物，形成周期性压痕；H 型钢头部形状不正，咬入矫直机时由于压力作用，形成通条压痕；进矫直机时型钢温度过高形成压痕。

钢材的波浪弯分腰部波浪弯和腿部波浪弯两种。腰部波浪弯主要是由于压力分配不均，上辊子径向跳动过大，辊子椭圆，相邻下辊工作直径相差太大等原因造成的。腿部即翼缘部分的波浪弯，主要是由于侧压力不均，上下辊型错位或轴向窜动量过大造成的。另外，辊子内孔直径与轴或轴套接触间隙过大，成品终轧温度或冷却不均而造成钢材各部位软硬不均，钢材原始波浪弯过大等原因均能造成钢材矫后的波浪弯。发现钢材波浪弯，首先检查各辊压力和辊子错位情况，进行适当调整。

具体处理措施为经常检查相应辊面磨损情况，有积瘤的要及时清理；多观察进钢情况，保证入口导卫位置正确；经常卡量矫直盘圆角与成品圆角；制定合理的矫直力，尽量避免回矫；合理控制冷却过程；保证型钢低于 80℃ 进入矫直机；注意观察各辊轴向、垂直窜动量，做出及时应对；保证送钢位置一致性。

18　ϕ16mm 三切分在二棒作业区试生产过程中的技术改进

二棒作业区自建厂以来，未生产过 ϕ16mm×3mm 规格产品，随着市场对该规格产品需求量的增加，为释放产能，该作业区通过管理强化和技术改进，圆满完成了 ϕ16mm 规格三切分期两个月的试生产任务，并实现稳定批量生产。

18.1　试生产前准备工作

（1）组织召开 ϕ16mm×3mm 工艺试生产准备会，针对 ϕ16mm×3mm 工艺上线时可能存在的工艺及设备问题做出初步评估，收集问题，制定措施，并指定专人负责落实。

（2）首先参照孔型设计图，所有工艺件上线前做尺寸核对，杜绝上线后因进出口导卫件尺寸不合造成的事故。

（3）轧线区域所有跑槽尺寸实测确认，针对宽度不够的区域跑槽作加宽尺寸重新制作，以备上线使用，如 K1 出口三线空过小跑槽、2 号飞剪转折器前跑槽加宽。

（4）提前做好从一棒三线控冷设备倒运工作及中轧、精轧小样准备工作，并下载一棒线 ϕ16mm×3mm 轧制参数做参考值。

（5）提前对 2 号飞剪机架选择，选择后光检检测及测长是否会影响飞剪切头做好试轧前确认。

（6）对设备精度是否适应 ϕ16mm×3mm 工艺的生产要求做出初步评估，提前两个月将输入辊、制动板、甩直板、齐头辊、运料小车、输出辊、打捆辊作为主要重点，克服现有备件紧缺的困难，利用生产准备、外部影响及计划检修等有利时间，通过修复、补焊、拼凑等方式进行调试及恢复，最大化恢复设备精度，以保证 ϕ16mm×3mm 工艺试生产的稳定。

（7）提前制作精轧机架进出口轧辊环形冷却水管，保证轧辊冷却效果。

（8）提前一周组织召开 ϕ16mm×3mm 工艺试生产确认会，将准备会中收集到的问题，以及准备工作中出现的问题是否解决进行再次确认，确保试轧成功。

（9）提前一天对设备精度恢复情况、上线前预装的机架进出口尺寸、冷却水管的增设情况、导卫开口度调试、参数变动进行再次确认，第二天新工艺上线监督工作做好责任划分。对上线后精轧 K1、K2、K3、K4 孔辊缝调整及所试小样的料型尺寸核对、轧制程序参数设置确认，同时做好料型跟踪、轧区主电机过钢电流统计工作。

通过作业区全体人员的共同努力，ϕ16mm×3mm 工艺于 2017 年 6 月 30 日一次性试轧成功并同时投入批量生产。

18.2 试生产过程中工艺上遇到的典型问题及改进措施

18.2.1 三线差，Ⅱ线比Ⅰ线、Ⅲ线大 80 道，Ⅱ尺寸收不下来

原因分析：

（1）中轧 9 号及精轧 11 号为平辊（10 号为空过），12 号控边，由于轧槽磨损不均匀，9 号、11 号辊面产生弧度，导致进入预切架后Ⅱ线过充，出现三线差，Ⅱ线比Ⅰ线、Ⅲ线大，Ⅱ线收不下来。

（2）精轧 K5 孔为控边，由于 K6 孔（11 号）轧槽磨损，外加 K5（12 号）孔过度控边，导致控边后的料型发生变化，进入 K4（13 号）孔后Ⅱ线过充，Ⅰ线、Ⅲ线充不满，最终产生成品三线差Ⅱ线过大。

改进措施：

（1）跟踪实际过钢料型对中轧料型进一步优化调整，将 7 号机料型宽度由原来的 82mm 调整为 80mm、9 号机料型宽度由原来的 67mm 调整到 65mm，以避免 12 号机收边过度，导致Ⅱ线过充造成三线差Ⅱ线大。

（2）要求作业班组班中停机必须对平辊 9 号、11 号轧槽磨损情况进行检查，发现磨损产生弧度，合理安排轧槽更换，避免Ⅱ线过充产生三线差Ⅱ线大。

（3）优化预切架 K4 孔孔型，Ⅱ线孔型收小 20 道，以弥补 K4 孔Ⅱ线过充，Ⅰ线、Ⅲ线料型充不满情况，保证预切架 K4 孔出来的三线尺寸。

18.2.2 三线差动态调整过程中Ⅰ线、Ⅲ线不稳定

原因分析：

（1）精轧 K5 孔为控边孔型，轧制过程中，控边轧槽磨损产生弧度，K4 孔进口导卫扶持产生料型发生倾斜（原 K4 孔进口导卫采用两辊导卫且辊面为平辊）。

（2）K4 进口充不满造成三线差调整难度增大。

（3）三线差调整时调整力度过大导致三线差不稳定。

（4）K1、K2、K3、K4 孔辊缝不一致导致三线差不稳定。

（5）轧制过程中进口导卫松动，导致三线差不稳定。

（6）K6 孔轧槽磨损产生弧面，导致Ⅱ线大，Ⅰ线、Ⅲ线小，三线差不稳。

改进措施：

（1）粗、中轧料型尺寸以及精轧试出的小样必须按标准严格控制。

（2）严格控制初轧料型标准（误差±50 道以内）控制中轧料型标准（误差±50 道以内）。

（3）操作工将粗、中轧找转速饱和，保证成品通条尺寸以及三线差调整的稳定性。同时为避免头追尾导致堆钢，另要求操作工拉开跟钢距离（以拉开初轧 1 号机架距离为准）。

（4）K4 孔进口采用新可调式横梁，将调整要点下发生产班组，三线差的调整：往下是往Ⅰ线打，往上是向Ⅲ线打，转动一周圈为 40 道。

（5）进口导卫采用四辊导卫，导卫调整方式由管理人员通过现场指导方式对班组进行培训。

（6）交接班精轧所试小样标准料型执行（误差±20 道以内）。

（7）生产过程中必须随时关注进口导卫过钢情况，当三线差忽大忽小时，必须用木板划样看料型充满情况及检查进口导卫是否松动。

（8）9 号、11 号凡磨损到表面有弧度，必须更换，不一定非按班数安排更换。

18.2.3 开轧成品不好，开轧第一支钢总出现中间无纵筋或纵筋超差产生废品

原因分析：

（1）开轧时粗、中轧或者大跑槽处拉钢严重，导致成品二、三刀纵筋小或无纵筋。

（2）K1、K2 间转速过，导致前三刀无纵筋，而尾部纵筋尺寸超差。

（3）精轧料型充不满，导致纵筋过小或产生废品。

（4）交接班试小样，K2 孔料型偏大，导致 K1 过充满造成成品纵筋超限。

改进措施：

（1）操作工转速匹配尽量保证大跑槽处及精轧 K1，K2 堆拉关系相对饱和。

（2）开轧后精轧调整工必须用木板划样，观察料型情况，发现有耳子或充不满情况，必须停止连续过钢，调整料型再次确认无误后才能连续过钢。

18.2.4 制动板冲钢频繁

影响因素：

（1）输入辊电机备件紧缺，长期回装修复的电机，由于电机轴变形，动转过程中抖动较大，容易导致小规格轧制过程中产生冲钢。

（2）制动板磨损严重，间隙过大，小规格钢稍有弯头，钢头便插入或撞缝隙处飘出产生冲钢。

（3）冷床甩直板磨损严重，成品上甩直板容易脱槽，冷床移钢至齐头辊处打绞导致钢头对不齐，产生非尺影响定率尺。

（4）齐头辊备件紧缺，在线的齐头辊磨损严重，导致打绞的钢上冷床对不齐，产生非尺较多影响定率尺。

（5）三线差调整不好，经穿水后，线差大的一线易产生蛇形钢，经 4 号飞剪剪切后头部弯曲撞制动板间隙导致冲钢。

（6）将冷床输入一段辊道装置辊道为倾斜辊，因辊道带有倾斜度使钢重叠、打绞造成 4 号切头产生弯头，导致冷床冲钢频繁。

改进措施：

（1）精整区域管理人员负责对输入辊电机，制动板，分离板，齐头辊备件修复情况的落实，利用有利时间更换或补焊，尽量减少故障时间的影响。

（2）将冷床输入一段辊道倾斜辊面，改造为平行辊面，有效解决冷床冲钢，同时优化倍尺精度，降低故障率。如图 18-1 所示。

改造前

改造后

图 18-1　改造对比图

18.3　ϕ16mm×3mm 试生产期间取得的效果

该工艺于 2017 年 6 月 30 日在作业区一次性试轧成功，分别于 6 月 30 日至 7 月 6 日、7 月 15 日至 7 月 26 日、8 月 4 日至 8 月 11 日、8 月 21 日至 8 月 31 日进行四次批量试生产，总产量完成 85540.47t，平均日产 2697.36t，总成材率 97.62%，总定尺率 98.33%。

18.4　结束语

二棒作业区 ϕ16mm×3mm 规格试生产期间，通过不断强化基础管理工作，狠抓落实，高标准，严要求，通过对实际过钢料型不断的统计及优化，并将预切架 K3 孔Ⅱ线孔型缩小 20 道，把 K3、K4 孔进口改用为可调试横梁及四辊导卫等措施，有效地解决了三线差Ⅱ线大、三线差动态调整不稳定、开轧第一支钢总出现废品等问题；同时通过对冷床输入辊一段辊道的改造，使得制动板频繁冲钢故障率得到有效控制。

总体来看，通过四次批量试生产，ϕ16mm×3mm 工艺在该作业区已趋成熟，能够进行批量性生产，最高日产量突破 3405.62t。

19　棒材产品质量缺陷分析及预防措施

19.1　引言

棒材生产线于1999年11月底一次试车成功，2000年初达产，原料坯料为150mm×150mm×9530mm钢坯；钢种为碳素结构钢、优质结构钢、优质合金钢、低合金结构钢；主要产品有热轧圆钢、热轧带肋钢筋、热轧光圆钢筋，其规格种类繁多。为持续提高产品市场竞争力，严格控制产品质量是关键，以下对产品包装、质量缺陷产生的原因进行分析及预防。

19.2　棒材线产品质量缺陷

19.2.1　包装绕子松

棒材线成品包装使用自动打捆装置，型号：KNSB-8/6500型2台、KNCA-800型1台，最大捆重4t，每捆钢材根据不同定尺长度进行包装道次分布，避免出现绕子松导致散捆现象，但是由于棒材线使用“扁担梁”进行吊运入库钢材，致使中间一捆钢材受到挤压变形，包装绕子变形严重，再恢复平整状态时容易出现包装绕子松动现象。

19.2.2　表面存在结疤

棒材生产线生产热轧圆钢、带肋钢筋时，表面会存在大小不一的结疤，其中产生结疤的原因有如下几点：

(1) 原料入库时，钢坯表面有残余的结疤、气泡或表面深度比不合，导致加热后，轧制过程中残留在钢材表面。

(2) 在轧制过程中，轧槽刻痕不良，成品孔前某一轧槽掉肉或黏结金属。

(3) 轧件在孔型内打滑造成金属堆积或外来金属随孔带入轧槽。

(4) 轧槽严重磨损或被外物刮伤轧件表面。

19.2.3　表面存在折叠

热轧圆钢或带肋钢筋时，产生表面折叠，原因分析如下：

(1) 成品孔前某一道次轧出的耳子再轧后形成。

(2) 孔型设计不当，轧槽磨损严重，导卫装置设计、安装不良等。

(3) 使轧件产生“上台”或轧件打滑产生金属堆积，再轧制过程中形成折叠。

(4) 轧件严重擦上，经轧制后，划伤部分压入轧件内部形成。

19.2.4　圆钢表面出现耳子

棒材生产线生产热轧圆钢时，水口方向存在“上台”或耳子，影响产品质量，分析原因如下：

（1）孔型设计不合理，对宽展量估计不足。

（2）轧机压下量调整不当，或成品前孔磨损严重使成品孔过充满。

（3）加热温度低，造成宽展量大。

（4）导卫安装装置不牢或偏斜以及尺寸过宽，使轧件进孔不正。

（5）轧件从椭圆孔进入圆孔时，轧制稳定性差而容易产生“耳子”。

19.2.5　划丝压入及划伤

（1）轧件进入孔型不正，受到辊环的切割而产生划丝，不及时清除压进轧件表面后产生。

（2）轧件通过扭转导卫时，因扭转角不够而产生划丝。

（3）料型不合理，过扁过宽，超出了孔型本身的设计，也容易出现划丝。

（4）由于轧制线不正，使导卫与导槽不在同一高度而出现划伤。

（5）辊道速度与轧件在轧机中的轧制速度不匹配，使轧件与辊道摩擦产生划伤。

（6）辊道系数过大或过度导槽磨损严重，辊道盖板磨损严重、不光滑造成。

（7）出入口导卫不光滑表面有凹凸，对轧件产生划伤。

19.3　预防及处理措施

针对上述产品质量缺陷，可以从以下几方面进行预防和处理：坯料、加热温度、设备因素和人为因素。

19.3.1　对坯料的要求

轧钢生产时对原料有一定的技术要求，对钢坯的要求有钢种、断面形状、尺寸、质量和表面质量等。这些技术要求是保证钢材质量的必要条件。由于坯料表面存有缺陷，其中一些不符规格的，必须在上料台架上直接剔除；当坯料尺寸偏差较大或坯料弯曲程度超差时，禁止入炉加热，避免影响钢材产品质量或对加热炉内壁有损伤。

19.3.2　对温度的要求

加热的目的是提高钢的塑性，降低变形抗力，降低轧制压力，改善金属内部组织结构，防止坯料由于温度压力过大而造成成品缺陷，因此，调火工在调火时必须考虑以下问题：

（1）严格执行加热制度，保证加热时间及加热速度。

（2）应按照加热的钢种、规格大小的不同，将加热温度控制在不同的温度范围内。

（3）调火工要时刻注意观察炉膛温度，要求加热温度均匀，防止产生加热缺陷，如过热、过烧、氧化、脱碳等。

19.3.3　对设备的要求

设备是为工艺服务的，如果设备（轧机和导卫）本身就有缺陷，那么产品的表面质量缺陷不可避免，如果飞剪、冷剪、打包机等出现故障，产品质量、包装质量无法保证。

（1）在轧辊加工质量方面，由于轧辊的不圆度，易造成成品轧件的形状不精确，甚至会使成品轧件的两边形成大小尺（阴阳闸）。

（2）轧槽磨损老化严重，容易造成产品缺陷，因此轧槽在使用一定时间后必须立即更换；同时要求各工段及调度对轧槽使用情况进行如实记录。

（3）在导卫配备时，必须使导卫的出口及入口形状、尺寸合适，且完好、灵活。

19.3.4　对岗位员工的要求

在棒材生产线，各岗位员工都有自己的工作标准，只有每一位员工都能将自己的工作职责落实到位，产品质量才会有质的变化，正如标语所说"职工每天进步一小步，企业就会进步一大步"。

（1）加热调火工必须保证温度适合轧制，出现燃值不稳定时，必须待温处理，避免发生质量事故或设备事故等。

（2）轧钢调整工安装导卫时，必须对正孔型，不偏不倚，且安装牢固；在生产中应注意观察导卫是否有偏移、损坏现象；调整工在做料型时，必须严格按照标准来执行，确保来料与孔型、导卫匹配，防止来料过扁过大而产生划丝、耳子等缺陷。

（3）在生产过程中，控制台操作人员需时刻观察轧制电流，控制轧制过程中的堆拉关系。堆钢容易产生耳子，拉钢易引起成品料不够而引起的缺陷。因此，轧制过程中应及时调整堆拉关系。

（4）精整剪切时，保证产品定尺长度及剪切质量，由于每组钢材数量较大，生产节奏加快时，注意防止出现叠切，影响产品质量，如剪切变形、头部弯曲等。

（5）精整地面人员责任依然重要，除剪前操作工外，运输链上缺陷钢材剔除人员、计数人员、改制人员等责任依然重要，只有每位员工责任分工明确，提高质量意识，棒材生产线产品质量才能整体提升。

19.4　结束语

随着轧钢技术的不断发展，对产品质量的要求也越来越高。产品质量缺陷易导致钢材价格下降，诚信度减弱。因此，应在生产过程中克服且解决出现的质量问题。

20 棒材精整区提高定尺率、成材率的生产实践

20.1 引言

定尺率是衡量棒材生产的一项重要指标，轧钢厂棒材车间在生产过程中精整区域定尺剪切过程中造成的通尺材严重影响定尺率、成材率指标，从而影响公司经济效益。通过对定尺机设备的改造、控制剪切长度、控制棒材剪切温度等一系列措施，总结出提高定尺率以及成材率的有效方法，达到良好的效果。

20.2 棒材生产线概况

某公司100万吨棒材生产线于2011年6月份投产，该生产线采用了控轧控冷技术、多线切分技术、无孔型轧制技术、交流变频控制技术等新工艺、新技术。全线18架轧机均采用短应力线高刚度轧机，并采用平立交替布置，实现全线无扭轧制，精整区由冷床上料系统，120m冷床、冷床下料装置、850t冷剪、定尺机、点支机、全自动打包机等组成。

20.3 棒材精整区域影响成品定尺率的因素

（1）定尺机定尺剪切长度不能灵活转变。棒材生产线使用的定尺机在生产过程中移动到规定的定尺距离后不能再进行移动，钢坯经过轧制后在3号剪处最后一支倍尺后往往剩下的料件长短不一，如果还是按照设置的定尺长度进行剪切就会造成切损比较大，如果想改变定尺长度进行剪切则需要重新移动定尺机，这样会严重影响生产节奏，增加操作人员的劳动强度。例如：生产9m定尺，倍尺长度一般设置为99m，最后一个倍尺剩下的长度由于坯料或者线差控制的因素就会长短不一，导致在定尺剪切过程中的最后一次剪切如果小于9m，就只能全部剪废，如果大于9m小于12m剪成9m，就会有3m多的剪废，严重影响定尺率、成材率。

（2）定尺机活动挡板造成误差。定尺机活动挡板由气缸控制挡板上下升降。挡板有上下挡板。上下挡板之间由销轴链接，由于长时间的磨损，连接部位的配合逐渐变松，导致挡板下降后收到料件的撞击之后定位偏差较大，对料件的剪切长度产生影响。

料件到达定尺挡板时辊道继续转动挡板下降，料件头部撞击挡板进行对齐，由于力的反作用，料件撞击挡板的同时料件会反向弹回，撞击力越大弹回去的距离越远，辊道速度影响撞击力，速度越快料件受到的反作用力越大，回弹距离也越大。为了保证定尺长度，只能将剪切长度留长，对理论成材率的影响较大。

（3）料件运动过程中跑偏。料件从下料装置到达剪前辊道运送到冷剪机进行定尺剪切。由于卸料小车将料件移送到辊道上一般都在辊道靠近卸料小车的部分，设备长时间运行后料件厚度较薄的情况下处在辊道外侧的料件在运动过程中往里侧偏移，到达定尺机料件处于倾斜的状态，这样在剪切完毕后导致同一把料两侧料件的定尺长度偏差0.03mm，这都严重影响定尺率、成材率、负差率。

（4）断面尺寸。料件断面截面面积的不同料件到成品的收缩率是不同的，如果能根据现场实际情况准确推算出收缩率就能更加准确确定剪切长度，尽可能较少切损，有效提高定尺率、成材率。

（5）到达冷剪口料件的温度影响剪切长度。由于棒材冷床长度120m，经过倍尺剪切后的料件长度都超过99m。料件的前45m到达冷剪口的温度在350~450℃，而剩下料件的在到达冷剪口的温度降至250℃ ，根据热胀冷缩的原理来分析如果按照同一剪切长度进行剪切，后面料件的成品长度就会出前半部分料件的长度，对定尺率的控制以及成材率都会产生影响。

（6）对齐辊道对齐效果不好。对齐辊道对齐效果不好到冷剪口时的切损就会比较大，很容易将料件的最前一次剪切时有通尺。对定尺率的影响比较大。

影响对齐辊道对齐效果的主要原因在于辊道轴承座的润滑不到位。对齐辊道采用干油集中润滑的方式对在线使用的是UCP209的带座轴承进行润滑，由于该型号轴承座储油空间较小，加之现场作业温度较高，料件在传送过程中经常损坏干油管路导致轴承座无法保持长时间的良好润滑，严重影响对齐效果。

20.4 针对找到的影响定尺率和成材率的因素采取的措施

（1）加装不同定尺长度的固定挡板。由于定尺机本身在生产过程中只能剪切一种长度的定尺，于是考虑在定尺机位置增设7m、8m、9m、12m的固定挡板。这样在最后一个倍尺剪切完毕之后剩下的料件首先选择剪切为12m定尺，其次9m，如果不够9m就剪成7m或者8m的定尺。根据现场安装位置利用气缸上下运动控制固定挡板的升降，为了方便操作台人员控制以及操作，在操作台添加自动控制程序，在操作台直接控制挡板的升降。这样不仅有效提高剪切口操作人员的作业率，同时大大降低通尺的出现概率。

（2）定尺机改造。造成定尺长度不稳定的撞击反作用力以及挡板的定位的这两个方面进行改造。首先，降低料件在到达定尺机挡板前减速阶段的速度，减小料件动量，在保证料件撞击定尺机挡板时，其动量尽可能小，根据动量守恒定律，反作用力产生的动量也会减小，这样产生的反弹量也相应减小且稳定。

其次，在定尺挡板后面加装碟簧装置。料件撞击挡板的力量较大，这样导致料件在撞击到的挡板向前偏移，如果在挡板支架后面增加碟簧装置，挡板在受到撞击之后由于受到碟簧的作用挡板位置便不会产生偏移，保证定尺机测长位置的准确性，从而提高定尺剪切的准确率。

（3）剪前辊道改进。针对料件在层数较少的时候产生的跑偏情况，对辊道形状进行改进，将原来的圆形辊子改为两头带斜度的辊子，这样料件不容易往一侧偏，保证料件运动的直线轨迹不变，从而保证内外侧所有料件的剪切长度偏差不超过0.01mm。

（4）根据断面尺寸寻找料件伸缩规律，减少切损。经过长时间不断现场取样，对不同规格品种、不同生产时间的样品伸缩量进行了大量统计。

大量的数据表明，棒材从冷剪前取样到最终成品的伸缩长度为：$L = S$（截面尺寸）×2-10

根据规格品种计算出成品伸缩量，这样在确定定尺剪切长度时就可以做到在符合国标要求的前提下剪切长度最短，确保各规格在冷却后控制定尺长度偏差在+（0.01~0.02）mm，有效提高了定尺率与成材率。

（5）冷床前60m增设风机。料件冷却主要是在120m冷床进行自然冷却，由于料件到达冷剪口的时间差导致成品定尺长度的不同造成整体的定尺率、成材率的损失。

通过在冷床前60m处增设风机，让前段料件通过风冷增加其冷却速度，通过反复试验，确定风机增设的数量，尽量缩短前后段料件剪切是的温差。这样在设置好的剪切长度下进行剪切后，成品定尺长度差异降至最低。有效提高了定尺率、成材率。

（6）对齐辊道的轴承及轴承进行重新选型。将原来的UCP209带座轴承改为SN510抛分式轴承座，该轴承的优点是储油空间较大，润滑效果明显，不需要集中润滑系统，不受集中润滑系统故障的影响，有效解决了由于润滑不良造成辊道对齐效果不好的问题。

20.5　结束语

通过对精整区域可能影响定尺率、成材率的设备和工艺上问题的查找，制定相应的对策和措施，棒材车间定尺率、成材率得到了有效提升。现在各个规格的定尺率、成材率普遍提高0.2个百分点，为车间完成降本增效目标奠定了良好的基础。

21 棒材切分轧制常见工艺问题分析

21.1 引言

三棒线于2012年投产，拥有年产量超过100万吨的棒材生产能力，该生产线采用了控轧控冷技术、多线切分技术、无孔型轧制技术、交流变频技术等新工艺、新技术。全线19架轧机均采用短应力高刚度轧机，并采用平立交替布置，实现全线无扭轧制。其中粗、中轧采用微张力轧制，精轧机组采用无张力活套轧制，中轧与精轧机组间实现控冷，精轧机组后及3号倍尺飞剪后配有2号、3号穿水冷却装置，实现轧后余热淬火加热芯部回火处理工艺。改生产线采用节能、环保、新型的步进梁蓄热式加热炉（侧进侧出空煤气双蓄热、上下供热步进梁式加热炉），目前主要以160mm×160mm×1200mm连铸坯为原料，并采用热装热送工艺，生产ϕ12~50mm热轧带肋钢筋、预应力钢筋、煤矿支护用高强度锚杆钢；并具备生产ϕ16~50mm热轧直条圆钢的能力，产品钢种为普通碳素钢、低合金钢结构钢、合金钢等。其中对小规格螺纹钢采用二、三、四切分（目前已经试轧ϕ10mm的五切分取得初步的成功具备全面生产的能力），三棒作业区主要以ϕ12~14mm的四切分为主要规格生产，有效平衡大小规格产品产量及特殊用钢材生产，目前三切分最大规格ϕ16mm×3mm已经成熟达到三切分生产规模；精整工序采用成品打捆棒材自动计数，生产率大大提高；岗位职工劳动强度减轻。

21.2 切分轧制工艺及切分导卫安装调整事项

21.2.1 切分轧制的概念

切分轧制是在轧制过程中把一根钢坯利用孔型的作用，轧成具有两个或两个以上相同形状的并联轧件，再利用切分设备（切分导卫）将并联的轧件沿纵向切分成两个或两个以上的单根轧件。

切分轧制的工艺关键在于切分装置（切分导卫）工作的可靠性，孔型设计的合理性，切分后轧件形状的正确性以及产品实物质量的稳定性。

21.2.2 切分轧制的导卫

（1）预切和切分的进口滚动导卫，除正常使用的滚动导卫的功能外，还必须对轧件有更好的夹持、扶正、精确、稳定的功能。预切分入口导卫对切分轧制过程中的稳定性起着重要的作用。

（2）切分出口导卫即切分导卫结构零件多且组装复杂，各部件安装精度要求高，因此要注意各零件有明确的形位公差要求，以保证组装精度达到要求，特别是切分轮间隙要符合轧制规格的要求间隙（可以根据实际生产要求和料型尺寸调整）。切分轮轴承速度高

(3000r/min 以上）要求轴承寿命高，润滑好，润滑要做到防尘。切分轮冷却要充分，避免开裂，掉肉。

（3）扭转导卫主要是在出口使轧件扭转 90°或 45°；扭转导卫对钢料的扭转角度的调节方式，有的是以调节扭转辊的间隙来调节轧件的扭转角度，有的是以调节扭转体的角度来调节轧件的扭转角度。三棒线主要以调节扭转辊的间隙来调节扭转角度的。

（4）导卫装置是正确地将轧件导入轧辊孔型，保证在孔型中稳定地变形并得到所要求几何形状和尺寸；同时顺利正确地将轧件由孔型导出，防止缠辊，控制或强制轧件扭转或变形，并按一定的方向运动。其主要起诱导、扶正、夹持控制作用。

（5）导卫装置由机架前后的诱导装置和机架间的导槽、过桥组成。导卫包括进口导卫、出口导卫以及固定导卫的导卫横梁和底座。导卫应能对准轧槽，稳定、牢固方便地安装在导卫梁上。导卫梁本身安装在机架牌坊上，当轧件冲击和通过时不应发生松动和移位。

（6）导卫梁的安装保证其上下工作面平整，前后、左右水平，要使进出口导板孔型垂直中心线对正轧槽，其标高应使导板的水平中心线与轧制线标高相吻合。安装时需要用仪器（水平尺）检测，两端误差粗轧机组不大于 1mm，中轧机组不大于 0.8mm，精轧机组不大于 0.4mm。当标高确定后，必须固定牢靠以防松动和防止轧件将横梁顶掉。

21.2.3　导卫的安装及使用注意事项

（1）要使轧件顺利地通过各机架，则机架和导卫必须对正。

（2）机架夹紧装置必须维护好，保证机架不会发生剧烈振动或跑位，同时如果机架没能牢固安装，机架地脚和底板会很快磨损。

（3）肉眼检查导卫对中时，借助手电筒光线观察导卫和轧槽的配合情况，确保导卫和所轧制规格相匹配。

（4）确保进出口导卫的中心线、孔型中心线、轧制中心线三线必须在同一条直线上。

（5）进出口导板、导管、导辊在使用时要注意经常认真检查，发现磨损严重必须及时调整或更换。

（6）滚动导卫在使用前加足润滑剂，注意检查油路水路、确保畅通。三棒全线以水作为导辊的冷却剂，所以要保证水路的畅通和水质的清洁温度合适，当导辊一旦缺水而温度升高，一定要防止激冷，以避免开裂或裂纹。

（7）滚动导卫的导辊间的开口度是以进料的尺寸为基准，使其开口度要比来料尺寸稍大，精轧机组的滚动导卫导辊开口度比来料大 0.1~0.5mm，中轧机组的滚动导卫导辊开口度比来料大 0.5~1.0mm，粗轧机组的导辊开口度比来料大 1~2mm。滚动导卫安装在轧机横梁上，要尽可能离轧辊近些，正确对准轧辊轧槽处。滚动导卫在线使用时要确保冷却水充足，确保润滑良好，才能减少导辊的磨损和损坏。导辊开口度过小会导致堵钢，过大导辊起不了应有的作用，过紧虽然轧件能通过但对导辊和导辊轴以及轴承产生不应有的冲击力，加快了对它们的损坏，导卫安装不精确还会导致轧件不能准确地进入轧槽从而出现耳子。

（8）扭转导卫安装使用时要确保使轧件扭转正确角度，导辊间隙大小必须合理以保证正确的扭转角度顺利进行。

（9）进出口滚动导卫导板导管与导卫盒要按工艺要求选用，并紧固牢靠，并用标准料型做出样棒，生产前用样棒对导卫进行预装和预调整，生产中每隔一段时间还必须用样棒对滚动导卫的开口度进行合理的调整。

（10）切分导卫安装使用时要注意切分辊间的间隙，各规格的切分轮间隙上线前必须用塞尺进行检查，必须做到间隙与轧制规格匹配，确保能使轧件正确切开，顺利进入导卫后端的分料盒而导入下道次进口导卫中进行轧制；确保切分导卫对正切分轧槽，轧槽切分楔、切分导卫切分轮切分楔在一条直线上。

（11）全线所使用滚动导卫、滑动导卫都要有充足的冷却水，正确安装水管，使冷却水冷却到关键部位和需冷却的部位。

21.3　切分轧制时轧机调整和常见工艺问题分析

21.3.1　切分轧制时轧机调整

（1）严格执行换槽制度确保切分孔型系统各架料型形状的正确。对局部磨损严重，料型形状变异大的轧槽，无论是否到使用班次都必须及时更换。

（2）各架料型除满足一般控制要求外，对K2、K3、K4料型必须注意轧件在轧槽内要有良好的充填状态，用木板划样时，以轧件中部两侧圆滑过渡，无明显凸出和凹入，尾部略带耳子为宜。

（3）从K3孔切分开后的料型呈“桃”状时，应先检查轧件尺寸和形状，如料小应将K3孔以前的料型适当放大，如尾部料型和尺寸则应对全线特别是粗正火轧各架机架料型尺寸和各轧机速度配置进行调整，消除拉钢，保证中轧机来料头中尾的同条度在规定标准范围内，两切分中轧头中尾同条度差在0.8mm以内，三切分和四切分头中尾同条度差控制在0.5mm以内，五切分头中尾差控制在0.3mm以内。

（4）对发生轧制事故跑钢时，必须认真检测跑钢的料型尺寸，以及前后机架的导卫安装调整情况发现异常及时处理，料型尺寸不符合要求时按上述要求调整。

（5）换槽以后对预切分和切分进口滚动导卫要用专用长样棒检测，使预切分进口导卫和切分进口导卫装置和轧槽在一条轴线上对正。

（6）遇到有停机机会，要及时对切分导卫、扭转导卫等关键部位进行检查。

21.3.2　常见工艺问题分析

21.3.2.1　线差

切分后的双线或多线轧件尺寸不均匀的现象称为线差，是切分轧制过程中常见的工艺问题。

（1）中尾部相一致的线差。其产生的原因是预切分和切分机架进口导卫不正。

调整方法：停预切分和切分机架轧机，参照轧槽的走钢痕迹，将两架当中偏斜严重的机架进行调整，使导卫对正轧槽孔型，如无效再调整另一架。

（2）中部有线差而尾部没有的两线差。其产生的原因是中部一般比头部瘦，轧件在进口里发飘，切不正主要受轧制线不正的影响，同时也要考虑切不正的因素。

调整方法：如果同一根钢中中尾部宽度差较大或中部两线都偏瘦，应注意调整各机架速度关系，减轻拉钢；检查出口导卫，使翻钢角度正确、轧件走向平直，用长样棒调整预切分前一架到切分机架之间的轧制线，检查调整预切分和切分孔进口导卫，使其对正轧槽。

（3）中部和尾部的线差。其产生的原因是预切分和切分机架其中一架或两架进口偏，轧制线不正，同时存在拉钢严重的问题。

调整方法：参照两线差调整。

21.3.2.2　切斜头

在轧制过程中，头部切斜是跑钢的主要原因，K6 辊缝偏差过大、轧槽磨损不均，调整或更换入口未对正轧槽。

制作过程分析：K6 轧出的料型出现一边厚一边薄，相应导致 K5 轧出的料一边宽一边窄；进入预切轧制时，K4 轧出的料也是一边厚一边薄，在调整中考虑到线差，势必对 K4 进口导卫对中调整，造成厚的一边 K4 轧槽宽度小，预切出的前头小，薄的一边 K4 宽度大，预切出的前头大；进入 K3 切分轧制时，料的前头按进口给定方向进行切分时，料型断面不能对正轧槽，切分中心线不能对正预切分料的沟槽，形成切偏头（子弹头）。

可能造成的故障现象：

（1）切偏头严重，产生顶 K3 出口切分轮，K3 单线窜出或出现对死钢。

（2）K3 孔轧出后一线头部过大因出现弯头造成 K2 不进，或变形不均 K1 进口不进。

（3）K3 轧出后一线头部过尖，进 K2 轧制头部宽展小，扭转导卫扶不正料，导致 K1 进口不进。

调整方法：调平 K6 两侧辊缝，两边辊缝差控制在 0.2mm 以内；K6 孔型磨损严重及时更换，同时进口与出口必须在同一直线上。

21.3.2.3　跑钢或堵钢在出口

四切分轧制螺纹钢 K1 机架（成品机架）出口一线或两线易出现弯头导致出口跑钢或堵钢在出口。

轧制原因分析：

（1）K1 上线机架装配质量没有达到生产要求，进出口导卫安装与孔型轧制线高矮不对中造成弯头，或出口导卫舌尖离轧槽距离过大。

（2）K2 机架的料型不规范带有镰刀弯造成 K1 机架在出口处脱槽困难形成弯头。

（3）K2 前孔型磨损严重或轧槽老化严重，进入 K2 机架轧制造成两边延伸不一致而形成镰刀弯，造成 K1 出口脱槽困难形成弯头。

（4）K2 机架进口出口导卫装置没有对正轧槽导致 K2 来的料型头部形状尺寸不规范。

调整方法：认真仔细装配各上线轧制的机架，确保机架的装配质量，特别是 K1 上线的机架一定要做到精细，交接班认真检查精轧各机架轧槽的磨损情况及时更换老化和磨损严重的机架，确保精轧各机架辊缝两边的差值在标准规定范围内。

22 棒材四线切分工艺实践经验和操作改进

22.1 引言

公司100万吨棒材生产线于2011年6月份投产，采用了控轧控冷技术、多线切分技术、无孔型轧制技术、交流变频控制技术等新工艺、新技术。全线18架轧机均采用短应力线高刚度轧机，并采用平立交替布置，实现全线无扭轧制。其中粗、中轧机组采用微张力轧制，精轧机组采用无张力活套轧制，中轧机组后与精轧机组间实现控冷，精轧机组后及3号倍尺飞剪后配有2号、3号穿水冷却装置，实现轧后余热淬火加热芯部回火处理工艺。

该生产线采用节能、环保、新型的步进梁蓄热式加热炉（侧进侧出空煤气双蓄热、上下供热步进梁式加热炉），以150mm×150mm×12000mm连铸坯为原料，采用热送热装工艺，生产ϕ12~50mm热轧带肋钢筋、预应力钢筋、煤矿支护用高强度锚杆钢，具备生产ϕ14~50mm热轧直条圆钢的能力，产品钢种为普通碳素结构钢、低合金结构钢、合金钢等。其中对小规格螺纹钢筋采用二、三、四切分轧制（ϕ12mm规格四切分、ϕ14mm规格四切分、ϕ16mm规格三切分、ϕ18mm、ϕ20mm、ϕ22mm规格二切分），有效平衡大小规格产品产量。精整工序采用成品打捆棒材自动计数技术，生产率得以大大提高。

22.2 孔型与实料控制技术分析

某公司首次在棒材生产线采用多线切分技术，试生产初期ϕ12mm螺纹钢四切分和ϕ14mm螺四切分技术尚不完善、调整技术也不成熟，处在摸索阶段。随着对工艺技术的不断改进，并且在现场对轧机调整、导卫安装、轧机预装和维修人员进行适应性的现场指导和培训，使操作人员对多线切分轧制工艺轧机调整和导卫安装等技术进一步熟悉。多线切分试生产取得阶段性成功，标志着棒材生产线小规格螺纹钢筋已具备采用二、三、四切分轧制工艺进行批量生产的工艺条件。孔型系统如图22-1所示。现将试生产中的一些实践经验和操作改进总结如下。

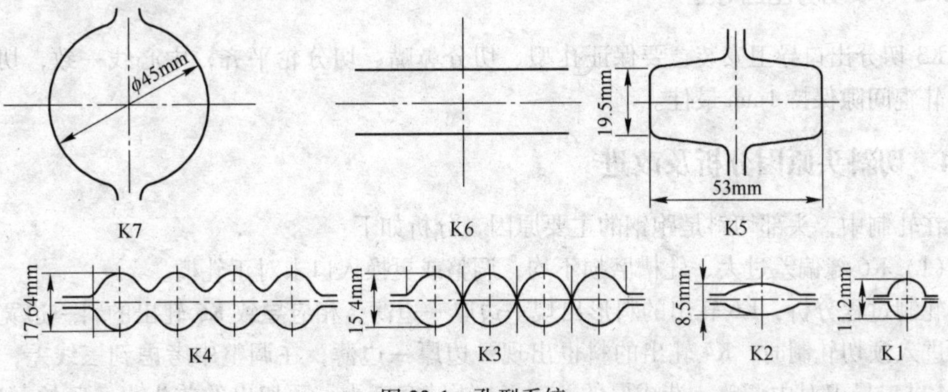

图22-1 孔型系统

22.2.1 K6采用平辊轧制

K6采用平辊轧制，即无孔型，避免两侧耳子产生，提高轧制过程的稳定性。实料控制注意：防止两端辊缝偏差过大，否则轧出的料呈现出一边厚一边薄，影响轧制稳定性。另外注意及时换槽，避免轧槽磨损造成轧制不稳定。

22.2.2 K5孔型采用平箱孔

K5孔型采用平箱孔，该道次主要把上道次自由宽展的条形规整起来，为预切分条形创造条件。实料控制特别注意：其应有合适的宽高比，宽度过大不能为预切分创造良好条件，宽度过小红料容易发生扭转，造成K4进口堆钢。

22.2.3 K4预切分道次，K3切分道次

K4预切分道次，K3切分道次，实料控制应注意：设置好各道次辊逢，控制好各道次红钢的尺寸，木印打磨两侧痕迹相同，尤其要保证红料尺寸，做到既要有很好的充满度，又不能有太明显的“耳子”。因为当充满度偏小时，切分后外侧两根成品的尺寸波动较大，难以稳定；当充满度过大时，甚至出现“耳子”时，易产生K3冲出口导卫、K2无法咬入、成品折叠等诸多问题。

22.3 导卫的安装与调整

22.3.1 K3、K4进口排轮调整

K3、K4进口排轮调整，必须保证左右两轮平齐，中心线一致，调整导轮间隙，用标准样棒调整，四轮跟着一起转动，不要太紧。

22.3.2 精轧各道次进口导卫

精轧各道次进口导卫不但要做到头部准确对中轧槽，而且导卫的中心线要保证与轧辊中心线相垂直，特别是预切分进口导卫和切分进口导卫更要如此，否则会影响切分后轧件尺寸的稳定性、均匀性，或者发生频繁冲出口导卫等现象。

22.3.3 K3切分出口导卫

K3切分出口导卫安装，要保证孔型、切分鼻嘴、切分轮平齐，中心线一致，切分鼻嘴与轧辊间隙保持1mm最佳。

22.4 切斜头原因分析及改进

在轧制中，头部切斜是跑钢的主要原因，分析如下：

(1) K6缝偏差过大、轧槽磨损不均，调整或更换入口未对正轧槽。

轧制过程分析：K6轧出的料形出现一边厚一边薄，相应导致K5轧出的料一边宽一边窄；进入预切轧制时，K4轧出的料也出现一边厚一边薄，在调整中考虑到三线差，势必对K4进口导卫对中调整，造成厚的一边K4轧槽宽度小、预切出的前头小，薄的一边K4

轧槽宽度大、预切出的前头大；进入K3切分轧制时，料的前头按进口给定方向进行切分时，料断面不能对均匀轧槽，切分中心线不能对正预切分料的沟槽，形成切偏头（子弹头）。

可能造成的故障现象：

1）切偏头严重，产生顶K3出口切分轮，K3孔单线窜出或对死钢。

2）K3孔轧出后一线头部过大因出现弯头造成K2不进，或变形不均K1不进。

3）K3孔轧出后一线头部过尖，进K2轧制头部宽展小，扭转导卫扶不正料，导致K1不进。

4）成品料线差大，不均匀相互缠绕，导致加速辊道内堆钢。

消除办法：调平K6两侧辊缝、及时倒槽、入口对正孔型。

（2）K3、K4进口与轧槽对正偏北或偏南。

轧制过程分析：若K4进口偏，K3进口正，K4料头部不能正确预切，头部进入K3时，切分中心线不能对正预切分料的沟槽，形成切偏头；若K4进口正，K3进口偏，头部进入K3孔，不能正确切分，切分中心线不能对正预切分料的沟槽，形成切偏头；若K3、K4进口与轧槽对正一个偏北，一个偏南，切分中心线与预切分料的沟槽严重偏差，形成切偏头。

可能造成的故障现象：

1）切偏头严重，产生顶K3出口切分轮，K3孔单线窜出或对死钢，切分轮经常挂拉丝。

2）K3孔轧出后一线头部过大因出现弯头造成K2不进，或变形不均K1不进。

3）K3孔轧出后一线头部过尖，进K2轧制头部宽展小，扭转导卫扶不正料，导致K1不进。

4）成品料线差大，不均匀，易造成冷床上料头部顶钢。

消除办法：K3、K4进口与轧槽对正。

（3）K3、K4辊窜或错辊。

轧制过程分析：若错辊钢料经轧制后，由于孔型上下不对中，料形上下沟槽不能对正，形成稳定的切偏头，若是K4错辊，后果更严重；若辊窜钢料经轧制后，由于孔型上下不能稳定对中，料形上下沟槽不能通长对正，形成不稳定的切偏头，若K3、K4同时辊窜后果会更严重。

可能造成的故障现象：

1）切偏头严重，产生顶K3出口切分轮，K3孔单线窜出或对死钢，切分轮经常挂拉丝。

2）K3孔轧出后一线头部过大因出现弯头造成K2不进，或变形不均K1不进。

3）K3孔轧出后一线头部过尖，进K2轧制头部宽展小，扭转导卫扶不正料，导致K1不进。

4）K3、K4轧出的料带扭转角度，造成生产和调整异常困难。

5）K5辊窜或错辊也会出现类似表现。

消除办法：上线前认真检查，调整异常困难及时更换新辊。

（4）K5出口过高或过低（包括轧制线偏差大）。

轧制过程分析：由于K5出口过高或过低，K5料出导卫后形成上、下弯头，进入K4不能完全修正弯曲，致使头部不能对正轧槽，切分中心线与预切分料的沟槽偏差，形成切偏头。

可能造成的故障现象：

1）切偏头严重，产生顶K3出口切分轮，K3孔单线窜出或对死钢，切分轮经常挂拉丝。

2）K3孔轧出后一线头部过大因出现弯头造成K2不进，或变形不均K1不进；

3）K3孔轧出后一线头部过尖，进K2轧制头部宽展小，扭转导卫扶不正料，导致K1不进。

4）弯头严重时，直接造成K4咬入异常困难。

消除办法：正确安装导卫，对正轧制线。

（5）K4两侧辊缝偏差过大或轧槽双侧磨损不均衡。

轧制过程分析：标准料进入K4后，由于辊缝偏差过大或双侧磨损不均，钢料在孔型中受力不均，料除延伸外，宽展方向上多数流向受力小的一面，最终产生弯头，弯头进入切分孔后入口导卫不能完全修正头部弯曲，致使钢料不能对正轧槽，头部不能正确切分，切分沟槽与预切中心偏差，形成切偏头。

可能造成的故障现象：

1）切偏头严重，产生顶K3出口切分轮，K3孔单线窜出或对死钢，切分轮经常挂拉丝。

2）K3孔轧出后一线头部过大因出现弯头造成K2不进，或变形不均K1不进。

3）K3孔轧出后一线头部过尖，进K2轧制头部宽展小，扭转导卫扶不正料，导致K1不进。

4）弯头严重时，直接造成K3咬入困难，K3入口单边磨损严重，K3入口单侧挂拉丝。

5）调整K4入口导卫，对线差调整效果不明显。

消除办法：及时修正两侧辊缝、及时换槽。

22.5 精整工序流向不畅的表现

22.5.1 冷床跑钢事故

现象：冷床上造成跑钢事故。

消除办法：（1）头部弯还是尾部弯，首先看一下倍尺剪的超前率，头部弯适当增大超前率，尾部弯适当减小超前率；（2）检查一下3号倍尺剪的剪刃间隙及剪刃磨损；（3）裙板动作，高、低、中位时间；（4）冷床动作是否与裙板的动作匹配；（5）上床滚道的速度和磨损程度；（6）工艺方面的问题，四线倍尺尽可能均匀，线差要小，倍尺长度尽可能一致等。

22.5.2 冷床对齐辊道倍尺耍龙

现象：倍尺对齐效果差。

消除办法：（1）调整成品线差尽可能小，使料在对齐辊道内滑行速度相同；（2）在稳定上床前提下，合理调节对齐辊道转速，使成品料在对齐挡板处平稳对齐。

22.5.3　成品收集、打包

冷剪剪切短尺、通尺量大，后序收集劳动强度大，五段链挑料困难，需要从工艺等方面进行优化剪切，另外打包辊道频频发生窜料、顶钢，需维修组合理改进消除。

22.6　下一步提升产能需优化改进点

（1）优化设计冷却水路布置、即要操作简便同时满足导卫和轧辊冷却需要。

（2）改进多线活套装置，设计要精巧实用。

（3）改进进出口导卫横梁，尤其是K3、K4，使操作简单稳定可靠，有利于缩短倒槽时间。

（4）改进导卫固定方式，尤其是K3、K4进口，K1成品出口。

（5）明确导卫预装标准，提高导卫预装质量。

（6）改进部分跑槽，使操作简便。

（7）下大力度优化精整工序，使工序流向畅通。

23 棒材轧制耳子成因分析及解决措施

23.1 引言

耳子，即轧材表面沿长度方向出现的条状凸起，是轧材的一种表面轧制缺陷。在实际生产中，出现在成品一侧的是单面耳子，两侧都出现的是双面耳子。有的耳子贯穿产品全长，有的呈局部、断续或周期性分布。

23.2 耳子产生原因

耳子是由于轧制时金属在成品孔型中过充满，多余的金属被挤到辊缝里形成的。原因分析如下：

（1）孔型设计不合理、轧机调整不当或成品前轧槽磨损严重，造成成品孔型压下量过大，容易产生双面耳子。

（2）成前料型过大，造成过充满，形成通长的单面或者双面耳子。

（3）成品孔导卫异常磨损或者损坏失去扶持作用，形成双面耳子。

（4）成品孔入口导卫安装不正、间隙过大或轧件咬入不正，容易产生单面耳子或双面断续耳子。

（5）轧制时，轧件温度过低或轧件温差过大，易产生成品耳子。

（6）轧制过程中，产生堆钢、拉钢现象。堆钢时轧件中间部位出现耳子，拉钢时轧件头尾出现耳子。

（7）成品前轧槽出现缺陷，如掉金属时，成品前轧件表面凸包，在成品轧制中出现周期性耳子。

（8）轧辊间隙调整不当，形成阴阳闸，容易造成单面耳子。

23.3 头尾耳子产生原因分析

头尾耳子主要是由于拉钢轧制产生的。拉钢轧制过程中，轧件速度大于轧辊速度，导致前滑区增加。所谓前滑、后滑就是指在轧制时，金属与轧辊间有相对运动，存在着金属相对于轧辊向前流动的前滑区和相对于轧辊向后流动的后滑区。在变形区内靠近轧辊的出口处，金属纵向流动速度大于轧辊在该处的线速度，这种现象称为前滑。在变形区内靠近轧辊的入口处，金属纵向流动速度小于轧辊在该处的线速度，这种现象称为后滑。

影响前滑的主要因素有很多，主要因素有轧辊直径、摩擦系数、压下率和张力等。

（1）轧辊直径的影响。前滑值随辊径增加而增加。另外，当轧辊直径增大时，由于接触弧长增加而相应地增加了前滑区的长度。

（2）摩擦系数的影响。在压下率相同的条件下，摩擦系数 μ 越大，其前滑越大。凡是能影响摩擦系数的因素，如轧辊材质、轧件化学成分、轧件温度等均能影响前滑的大小。

（3）压下率的影响。前滑随压下率的增加而增加，原因时由于压下率增加，延伸系数增加。但是，压下率对前滑的影响并不是单值的。随着压下率的增加，前滑增加，当达到某一值时，开始减小。

（4）张力的影响。显而易见，前张力增加时，则使金属向前流动的阻力减小，使前滑增加。反之，后张力增加时，后滑区增加。

（5）活套的影响。以型钢连轧厂棒材线轧制 ϕ35～40mm 圆钢为例，精轧机组采用两架轧机，轧机间设立活套，轧件尾部存在一个弧度，成品导卫的引导夹板直线段短，对这个起套弧矫直作用不明显，在成品尾部形成单面耳子。

23.4 解决措施

以型钢连轧厂棒材线轧制 ϕ40mm 圆钢为例说明。轧制该规格采用 150mm×150mm×9.500mm 的连铸坯，粗轧轧制 7 道次，中轧轧制 2 道次，精轧轧制 2 道次。为保证产品质量，在中轧机组与精轧机组间、精轧各架次间增设水平活套与立式活套，保证不存在堆钢、拉钢轧制。在生产实践过程中，轧钢操作工为此给予轧辊一个不大的超前率，即轧件在咬入时增加轧辊的瞬间转速，以减小前滑值。另外，轧钢调整工将成品轧辊的冷却水管数量增多，增大了轧辊的冷却能力，减少了轧辊的磨损，使轧辊表面光滑，减小其摩擦系数，有利于前滑的控制。

解决耳子方法如下：

（1）选择合适的宽展系数，优化孔型设计，确保各道次料型的断面形状合格。

（2）加强轧机调整，合理分配压下量，避免阴阳闸，确保各道次料型的尺寸合格。

（3）正确安装成品入口导卫，对正孔型并紧固牢靠。

（4）随时检查导卫的磨损情况，及时更换。

（5）适当规定轧槽的过钢量，及时更换磨损的轧槽。

（6）在轧制时，确保温度均匀，不轧制低温钢。

（7）正确使用冷却水，确保轧件各部分冷却均匀，尤其不要将头部浇黑，在成前的轧槽形成辊伤。

解决头尾耳子方法：

（1）在生产过程中，在标准范围内使用小辊径出成品；实际生产过程中，给予轧辊适当的超前率；避免拉钢轧制。

（2）以型钢连轧厂棒材线轧制 ϕ35～40mm 圆钢为例，采用提前落套的方法，即轧件的尾部未离开成前轧机时，立活套落套，利用落套过程中成前轧机降速将起套弧拉直，这一方法效果很明显，解决了尾部耳子这一缺陷。

23.5 结束语

通过采取上述一系列措施，通钢棒材产品出现耳子的问题得到了明显地改进，有效地降低了头尾耳子切废及次品轧材的产生，产品质量得到广大用户的一致好评。

24 多线切分轧制时切偏产生堆钢的原因分析及解决措施

24.1 引言

多线切分轧制时，堆冲钢主要集中在 K1、K2、K3 三架次间，90%以上的原因是 K3 切偏，冲堵切分轮或切出小蝌蚪（轧件头弯切分槽或切分轮切落在跑槽内的小钢头。有大有小，对轧钢生产的影响也不相同）堵 K1、K2 的进口造成堆钢。

切偏产生的原因主要是由于导卫对轧件的扶持力不够，造成轧件头部没有以一个正确的姿态进入轧辊进行压力加工。头部没有受到均衡的阻力，造成头弯从而在进入预切和切分槽切分轧制时产生切偏，其中中轧来料的头弯可以通过切头来消除，现不予分析。

通过在轧制过程中的跟踪发现切偏主要是 K4、K3 轧制出来的轧件头弯造成的切偏，而其中 K4 的头弯造成的切偏冲钢比例最高达九成以上，而且切偏造成的堆冲钢主要集中在两个时间区域：

（1）交接班完成半个小时内。

（2）成品不稳定精轧区域频繁动料并影响 K5 尺寸时发生堆冲钢。

24.2 具体原因及解决措施

现集中分析这两个时间段产生的堆冲钢原因及解决措施。

轧钢厂生产的多线切分包括 ϕ12mm×4mm、ϕ14mm×4mm、ϕ16mm×3mm 三种规格。其中 ϕ12mm×4mm 轧制要求的调整精细度最高，出现堆冲钢的频率也最高。现集中分析 ϕ12mm×4mm，其余两个品规大同小异且更易控制。

轧钢厂三棒线主要承担 ϕ12mm×4mm 的生产任务，轧机为 350 型，导卫件是 09 系列的。

轧制准备中，对精轧轧机的装配要精细尤其是预切和切分机架。对进口导卫要用样棒调整，导辊对中松紧合适，横梁要水平适中。换槽要用样棒对进口导卫进行微调。保证导卫具有合适的扶持力，另外用样棒调整进口导卫时。要根据实际的料型尺寸对导卫件的松紧度进行适当的修正。如实际料型偏大一定尺寸，则对导卫的松紧度进行适当的放松反之亦然。

开轧后要观察切分轮的过钢情况，若平顺无异响则装配质量过关。若有异响需停机需停机检查，观察预切和切分的辊环有无弯头造成的压痕。若有则根据最小阻力定律进行调整，直至过钢平顺。

轧制进行中加热炉一定要保证坯料的头中尾温差控制在 50℃以内，尽量减小温差带来的料型偏差。

在轧制过程中，由于成品尺寸需要对K5、K6料型进行调整，尽量少的对K5料型进行调整。如果需要压料0.5mm以内，则无需对预切导卫进行微调；若压料在0.5mm以上需对预切进口导卫进行适当的收紧，保证对轧件的扶持力，并对轧件咬入切分轮时的声音进行跟踪。若有异常应对预切进口导卫进行微调，并检查切分架以后所有跑槽，若有切偏造成的小蝌蚪掉落应清理干净，并检查预切和切分辊环有无压痕，那架有调整那架导卫。若都没有直接稍微收紧预切进口导卫，直至消除异响。

在生产准备中一定要保证精轧所有轧机辊缝一致，导卫件的润滑正常，减少不必要的工艺件影响。

实际生产中要加强现场的动态巡检工作，要细致观察。生产问题的出现很多时候不是单一问题造成的，可能是多个点累加造成的一个结果。

若在实际生产中那能做到以上几点，基本上能消除弯头切偏造成的堆冲钢。

25 高速线材厂摩根三代高速精轧机区域憋钢原因分析及应对措施

随着钢铁行业的不断发展，高速线材的轧制速度已达到百米以上，具备了很高的现代化程度。然而，越是现代化程度高的轧钢厂，其事故停车的次数应越少，事故发生率应越低。在目前市场经济日渐激烈的形势下，降成本、开源节流更成为生产中的重中之重，减少憋钢是提高生产率的重要环节。在同一轧制生产线上，操作人员技术越高，经验越多，则事故憋钢的次数越少，事故处理的时间越短。如何预防事故，并尽快处理事故和恢复生产是操作技能的重要内容。为此，将公司摩根三代高速精轧机区域憋钢的主要原因列举如下，以供岗位工人参考。

摩根45°精轧机组在当今世界线材生产中已占有主导地位，它结构复杂，技术操作要求较高，容易引发各种工艺事故。在此，对于一些简单的憋钢事故就不予以介绍，只把精轧机组区域憋钢的一些技术难点加以论述。轧件在精轧机内部憋钢主要表现形式可分为轧件头部憋钢和中部憋钢。另外，小规格产品生产中精轧机10架出口也是憋钢事故的多发段。下面，主要从以上三个方面论述高速线材厂精轧机区域憋钢的原因。

25.1　精轧机内部轧件头部憋钢

头部憋钢除了坏钢和导卫损坏等明显原因外，主要是轧件前头在轧辊间打滑造成的。打滑的原因较复杂，从理论上讲，钢的咬入条件是摩擦角大于咬入角。摩根三代精轧机组是一套技术非常成熟的轧钢设备，孔型设计合理的情况下，从理论上计算可得出摩擦角远大于咬入角，这里就不再从理论计算上论述这个问题了。这里主要从实际生产中总结一些具体的前头憋钢的经验教训。具体来讲，前头憋钢有以下几方面原因。精轧机内进口导卫歪、精轧机红坯调整不合理、轧辊磨损严重、来料前头不规则、来料前头温度低。以上五种原因是对前头不咬的概括总结，其中每项又有若干种不同原因，以下是对其具体论述。

25.1.1　轧机进口导卫歪

摩根三代精轧机组的孔型系统是椭圆—圆系统。如果进口导卫歪（无论椭圆还是圆架次），都会造成绝对压下量 Δh 的大幅增加，从公式：$\Delta h = D(1-\cos\alpha)$ 得出，绝对压下量 Δh 与咬入角 α 的关系是：在轧辊直径 D 一定的情况下，绝对压下量增加咬入角也相应增加，咬入角越大对于钢前头的咬入就越困难。所以，导卫歪是造成前头打滑的一个重要因素。

造成进口导卫歪的主要因素如下：

首先是工人技术水平低的人为校正因素，然后是导卫装置本身缺陷造成的导卫歪。还有一种容易被人忽视的原因，就是椭圆孔型前的滑动导卫内径过大、甚至有超出轧槽最大宽度的现象，这时的导卫就不能很好地起到正确导向的作用，造成红坯不能被正确咬入。

另外，由于导卫使用时间过长，磨损严重，使红坯在导卫中偏离中心线，造成前头咬入位置偏离，产生打滑，这时就需要及时更换到位。

在实际生产中，还有一些其他原因造成导卫歪或导致导卫歪后果的因素，如辊箱滑环磨损严重导致流钢线低、辊箱安装误差大、锥箱偏离中心线导致托架安装不到位、导卫托架尺寸误差大等。这些因素虽然出现几率较小，但它一旦造成影响很难被发现，可能会造成非常严重的后果。所以，这些方面一定要引起调整工的高度重视。为保证滚动导位对中，在轧线上应采用便携式光学校准仪，精调滚动导卫支架与辊环轧槽的中心线，使其完全对中。从而能够使滚动导卫辅助轧件稳定、准确地进入辊环轧槽中轧制，以减少换导卫时间，降低轧制缺陷，减少堆钢事故。

25.1.2　轧机红坯调整不合理

精轧机组是通过传动比设计与孔型设计的精确配合实现无张力轧制的。红坯调整不合理意味着红坯该圆的不圆、该扁的不扁，造成内部堆拉关序紊乱，红坯与导卫公差配合失衡，轧机不能正常工作。

从理论上分析：（1）红坯调整不合理首先会造成堆拉关系紊乱，导致前头过大。另外，由于扁坯子薄、稳定性差，会导致扁坯子入圆孔型产生一定的扭转，造成咬入困难。（2）精轧机相邻两架之间的线速度不同，通过孔型的精确设计保证了两架轧机之间保持微张力。如果前一架次的辊缝过大会造成红坯尺寸过大，增大了下一架次的压下量，不利于咬入。所以，前头打滑时，若无明显的不咬特征，就要考虑轧机调整是否合理。在调整合理的条件下，原则上不得随意调整17~27架轧机，因为动了其中某一架辊缝会破坏各架间的微张力关系，降低导卫使用寿命。

25.1.3　轧辊磨损严重

例如：某班次夜班前半个班轧制顺利，后半个班出现多次打滑憋钢事故，白班检修后一切恢复正常。事后根据憋出的坯子和更换的辊环得出结论：由于正常轧制情况下轧辊会有一定的磨损，时间一长导致来料尺寸加大，压下量相应增加，咬入困难。另外，由于轧辊的磨损，以致摩擦系数增大，相应红坯宽展量加大，同样造成咬入困难。所以，班中生产要勤调整，严格按技术操作规程操作，发现轧辊磨损严重及时更换。

25.1.4　来料前头不规则

在前头打滑事故中有很大一部分是因为前头不规则。如龟裂、断裂、劈头等。造成前头不规则的具体原因有：

（1）压下量过大，使前头产生耳子，经多道轧制后造成前头缺陷。所以，实际操作中应严格控制压下量，对导致压下量增大的原因要及时纠正、调整。

（2）金属化学成分对摩擦系数的影响较复杂，通过大量的实验证明，合金钢的宽展比碳素钢的宽展大，高碳钢的宽展比低碳钢的宽展大。换品种时由普材换成合金钢或号钢都会造成宽展增加，使前头产生耳子，造成前头缺陷。所以，换品种前要及时调整压下量，以确保前头质量。

（3）导卫歪使前头产生单面大耳子。这是要及时调整导卫。

（4）前部工序飞剪切头不净，经多到轧制后使前头产生缺陷。这就需要钳工更换剪刃或调整剪刃间隙。

25.1.5　来料前头温度低

在低温状态下，钢的摩擦系数是随温度的降低而减小的，也就是说温度越低摩擦系数越小。在咬入角不变的情况下，摩擦系数越小越不容易咬入。实际生产中导致前头温度低的因素有以下几种：

（1）开闸温度低或是轧件头部加热温度低。

（2）精轧机前的5号活套盘积水过多，预精轧水压过大激前头。

（3）预水冷水管积水不能及时排除。

针对上述情况，就要在生产中提高加热质量，减少流钢线上的积水，调整合理的水压，另外要及时关掉精轧机圆孔型架次出口导卫中的冷却水。

25.2　精轧机内部轧件中部憋钢

轧件中部憋钢是制轧件正常咬入后发生的憋钢事故。具体原因可分为如下几点：辊缝调整不合理、机器故障、电器故障、来料变化。下面对以上四点作具体论述。

25.2.1　辊缝调整不合理

摩根轧机是靠集体传动的，各架速度不可单独调整，它通过孔型设计和严格的辊径编组来控制轧机内部坯料的堆拉关系（保持微张力）。正常的情况下只调整1架和10架轧机辊缝来控制成品质量，如果辊缝给定误差大，在轧件咬入后就可能因为某两架次之间堆钢而发生憋钢事故。

处理方法是正确调整精轧机各架辊缝。

25.2.2　机器故障

（1）辊箱故障。烧辊箱或是其他辊箱故障导致的辊缝放大或是缩小都会造成堆拉关系紊乱，造成憋钢事故。

（2）辊环掉压引起的轧机内部堆钢，致一定程度就会憋钢。这是应及时找到掉压原因。

（3）辊环碎的情况下轧件瞬间就会产生堆钢憋钢。

（4）导卫打铁产生的憋钢事故是应该杜绝的。

25.2.3　电器故障

（1）由于16号光头故障导致的5号套推套器不推，在轧机内部拉力过大而产生憋钢。

（2）5号套的扫描器故障同样可导致与16号光头故障一样的憋钢事故。

（3）精轧机主电机速升或速降同样会造成精轧机憋钢。

生产中对各种电器故障要及时排除，对一些老化的电器元件及时更换。

25.2.4　来料变化

（1）来料开轧湿度下降过大，如果温差达到100℃左右就会因轧件宽展增加而改变精轧机内的微张力关系，严重的就会由微张力轧制变成堆钢轧制造成中间憋钢。严格控制加热温度是稳定轧制的先决条件。

（2）粗、中轧张力过大造成来料头、中、尾尺寸差过大，造成精轧机憋钢。生产中要合理控制粗、中轧张力，确保精轧机轧制顺利。

25.3　十架出口弊钢

摩根轧机憋钢事故中十架出口憋钢占较大比例，由于其原因复杂、处理困难，越来越被人们所重视。除因为坏钢、烧导位（成品架次）等原因外，以下各方面更应引起重视。

25.3.1　成品倒钢造成的十架出口憋钢

倒钢原因主要有：

（1）成品导卫磨损严重（甚至拉沟）坯料在导位中产生扭转以致倒钢。

（2）导卫里带入异物使坯料改变原有运行轨迹，从而发生倒钢事故。

（3）轧件运行时突然因电器等原因产生较大拉钢，坯料在成品导卫中无法保持稳定的轧制状态，以致倒钢。

（4）成品尺寸过小，坯料运行不稳也是产生倒钢的主要原因。

发生以上事故就要及时更换成品导卫。

25.3.2　坯料前头撞出口导卫

（1）十架出口“过桥”歪或是十架出口导卫歪造成撞出口憋钢。

（2）成品辊轧槽上、下磨损不均导致前头往磨损深的一方歪，情况严重的就会造成撞出口憋钢。

这时要及时校正“过桥”或出口导卫，轧辊轧槽不均的情况要及时换辊。

25.3.3　轧制速度过高造成十架出口憋钢

根据磨根三代精轧机的设计能力，成品线速度最高可达八十米/秒以上。可是在轧机速度大于72米/秒的时候就会出现十架出口憋钢事故。这是因为轧件在出最后一架轧机到吐丝这段距离较远，中间因为流钢线精度和穿水冷却等原因造成轧件在这里阻力加大，以导致在十架出口这个薄弱环节憋钢。所以限定十架出口速度最高不超过72米/秒。

25.3.4　穿水影响

（1）由于机械或电器原因造成的水冷段水阀门常开，在成品前头运行到水冷段给水部位时产生巨大阻力，以致造成十架出口憋钢。处理措施：手动试水，及时判断常给水原因。

（2）在轧制ϕ6.5mm以下规格的时候，有时因为穿水分配不均，在某段水冷段穿水较集中（尤其是三段水冷）就会在这个部位产生较大压力，使轧件受阻憋钢。所以合理分配穿水即避免了十架出口憋钢，又保障了成品内部组织。

（3）计控影响。为了保证成品前后头质量，要求前后头不穿水部分尽可能的少。这就要求轧制不同规格产品的时候要经常调整前后头的穿水延时。由于前头穿水延时过短穿水太早，就会造成前头憋十架出口。同理后头穿水延时太长，下一根钢进入水冷段的时候穿水管中的水还没有排干净，同样会造成激前头憋十架出口。所以正确设定工艺参数是保证自动化生产的必要条件。

25.3.5 电器故障影响

（1）吐丝机速降，轧件在吐丝管里受阻后造成十架出口憋钢。

（2）精轧机速降使轧件在水冷段产生较大拉力、甚至拉断，造成十架出口憋钢。

（3）扫描器（5 号套）故障或是 5 号套推道器不推同样会造成十架出口憋钢。

对电器故障的处理措施：修复电器故障或更换电器元件。

25.3.6 夹送辊故障影响

（1）夹送辊线速度低于成品线速度，在夹后尾的时候因轧件在夹送辊处产生较大阻力憋十架出口。这时要调整夹送辊线速度，使其微大于轧件线速度。

（2）由于计控原因造成的夹送辊常夹，在成品前头进入夹送辊的时候会造成十架出口憋钢。

（3）夹送辊开口度错误（过大或过小），都会造成憋钢。实际操作中夹送辊原始辊缝应大于成品直径 1~2mm。

25.3.7 流钢线校正原因

从十架出口到吐丝机这段距离的流钢线哪个部位偏离中心线都会造成十架出口憋钢。实际生产中都是根据吐出盘条的长度来判断哪个部位流钢线不正。实际生产中以下几个部位较容易生产十架出口憋钢事故：（1）水冷段内的短水冷件；（2）夹送辊进出口导卫；（3）十架出口处长过桥。为保证流钢线正，水冷段要定期进行校正。

25.3.8 导卫拉沟影响

导卫拉沟导致红钢因抖动运行到拉沟部位时产生较大阻力而憋十架出口。因为某些部位导卫拉沟不能直接观察到，这时就要求调整工根据憋钢现象准确判断导致憋钢的部位。容易拉沟的主要部位有：水冷墩子、夹送辊进出口导卫、吐丝机入口长、短导管和“蘑菇头”、吐丝管。对上述部位的定期检查是减少十架出口憋钢的有效手段。

以上是对某公司高速线材厂摩根三代精轧机区域憋钢原因的具体分析，目的在于让大家充分了解可能发生憋钢的因素，把事故制止在萌芽状态。另外，也希望上级部门对可能发生事故隐患的设备做一些具体强化或改进。

26 高速线材堆钢事故分析与处理

26.1 引言

高线生产线主要轧制规格范围为：ϕ5.5~16mm 光面高速线材，ϕ8~12mm 螺纹高速线材。规格跨度大、钢种范围广。从目前的生产状态分析，$\phi \leqslant 6.5$mm 的小规格线材产品，由于断面尺寸小、轧制速度快、轧制稳定性较差等原因，与中大规格相比，堆钢事故的发生率一直较高；而对于 $\phi > 6.5$mm 的中大规格线材，在开轧稳定之后，中间过程产生堆钢事故的几率很小，大规格线材轧制需要注意的是高速区爆辊环事故的发生。本文分析了高速线材生产过程中一些典型堆钢事故的产生原因，并提出减少堆钢事故的相应控制措施。

26.2 线材的轧制工艺流程布置

轧件通过 1H 前的夹送辊顺利咬入 1H 后，依靠轧机的动力继续前进，经过粗轧机组轧制、1 号飞剪切头切尾、中轧机组轧制、2 号飞剪切头切尾、预精轧机组轧制、3 号飞剪切头、精轧机组轧制后经水缓冷，一直到达夹送辊使轧件进入吐丝机并吐丝成圈。

轧机布置形式 1H~18V 为平立交替布置。精轧机组为二辊悬臂顶交 45°布置。

26.3 堆钢事故的种类

在解决堆钢事故时，正确判断并分析堆钢的产生原因是非常重要的。准确地判断可以及时解决问题并避免以后重蹈覆辙。但是在实际生产中，由于影响因素的多样性，快速准确找出堆钢事故的产生原因确实比较困难。

总结现场实际生产情况，可以把堆钢事故分为两类：直观性堆钢和复杂性堆钢。

26.3.1 直观性堆钢

例如：主控台事件、报警画面中所显示的冷却水压力低、机架跳电、油压低以及热金属检测器（HMD）的检测信号被人为遮挡等因素造成的堆钢事故属于直观性堆钢。该类堆钢事故的原因相对比较容易找到。

26.3.2 复杂性堆钢

查找该类堆钢事故的原因比较困难，不仅要观察坯料的头部形状、堆钢时头部所处的位置，同时还要结合报警画面所显示的内容及当时的一些数据参数。例如：（1）轧件经 3 号剪切头后堆于精轧机卡断剪前入口导卫处。此时不仅需要观察头部切痕状况，头部碰撞痕迹是圆状物碰撞还是尖锐棱角痕迹，而且还要观察活套动作是否异常、3 号剪剪刃的安装是否正常完好、轧件头部是否弯曲、导槽是否横移等；（2）轧件吐丝一部分后堆钢。这时需要找出堆钢处轧件头部的具体位置，判断轧件先拉断后堆钢还是先堆钢后拉断，同时根据吐丝的圈数分析可能产生的阻力点，并且还要检查该点的导槽和上游水箱状况、轧辊辊缝的设定和机架间的张力状态。

例如：轧件冲某机架出口导卫导致堆钢。造成该事故产生的原因可能是：(1) 来料头部尺寸偏大；(2) 轧件头部开裂；(3) 导卫安装位置或间隙不良等。查找该类堆钢事故的原因时应从多方面入手分析，最终找出真正原因。

26.4 轧制生产中导致轧件堆钢的具体位置及原因分析

26.4.1 粗中轧区域

26.4.1.1 轧件出某机架后翘头导致不能顺利咬入下游机架或头部冲导卫

引起该类事故的原因主要有进口导卫底座松动、轧机孔型没有完全对中、来料头部尺寸超差、出口导卫没有安装对中等几种。2011 年 5~6 月份多次发生 2V 出口翘头不能顺利咬入 3H 的事故。经认真分析发现其产生的原因为 2V 进口导卫松动使轧件咬入箱型孔后受到进口导卫的压力，使轧件下部受压较大，导致该处延伸变大而造成翘头，最终未能顺利咬入 3H 机架而堆钢。

26.4.1.2 换槽后轧槽打滑

结合实际生产及理论验算，我认为新槽打滑主要由以下两类情况引起：

(1) 辊缝设定较小，从而导致咬入角过大。

(2) 轧槽打磨不完全，造成轧件咬入时摩擦因数小而打滑堆钢（这种情况容易发生在 1H~8V 机架，特别是圆孔型机架）。

26.4.1.3 轧制间隙太小造成轧件在 1 号侧活套处堆钢

实际生产中，当两支钢坯轧制间隙低于 3s 时，操作人员将对前一支坯料尾部进行手动剪切，由于间隙太短导致检测信号的延迟性使切尾动作完成后 1 号飞剪不能及时复位，因此下一支坯料头部将不能进行剪切动作，导致由于钢坯头部的不良缺陷很容易在下游机架处产生堆钢；当两支钢坯轧制间隙小于 2.5s 时，轧件通过 1 号剪后将堆于 1 号侧活套处，因为轧制间隙过小使活套不能及时收套。

26.4.1.4 针对 13H~14V 立活套处堆钢的分析

生产现场曾发生过 13H~14V 立活套处堆钢，及轧件头部堆于 14V 进口导卫切轧件头部呈现镰刀弯的现象。经分析认为，由于 13H 入口导卫存在位置偏差且 13H 对中不佳，导致轧件沿断面方向受力不均产生弯曲在活套处堆钢或不能正常咬入 14V 机架。

26.4.1.5 轧件张力波动导致导卫被冲掉或甩掉

粗中轧机组轧件张力波动主要是在更换钢种、更换轧槽或辊缝设定不当后发生的。因为轧制状态变化导致机架间的原始稳定张力状态破坏后，各机架间张力来不及进行调整而导致堆钢。

26.4.1.6 由于 HMD 发生故障导致堆钢

HMD 故障一般主要有下列两类，一类是人为原因，例如当 1 号飞剪或 2 号飞剪前面的 HMD 在钢坯行进过程中被人为遮挡 1.5s 以上就会造成 1 号剪或 2 号剪在钢坯运行中剪切一刀，导致不能顺利连轧而引起堆钢。另一类是由于 HMD 检测点处的导卫装置被高温钢坯长时间烘烤而温度上升，导致 HMD 误信号使飞剪异常启动。例如 1H ~ 2V 之间 HMD 发生误信号检测故障时，就会造成 1 号飞剪不切头，进而给下游机架的轧制带来不利影响。

26.4.2　1 号侧活套至精轧机前卡断剪区域

26.4.2.1　活套套量波动引起堆钢

1 号侧活套区域沿轧制线较长，所以在开轧时容易产生波动（尤其是中轧机换槽或预精轧轧机更换辊环后）。此时如果轧件张力过小，活套在起套时由于套量变化较大很容易造成轧件在此处堆钢；如果轧件张力过大又会产生拉套现象而使轧件尺寸不佳。在这里尤其要注意的是更换轧槽后开轧的第一支钢坯的尾部尺寸很容易偏大，从而造成轧件尾部产生大套量，进而在收套时甩尾甚至堆钢。

26.4.2.2　（预精轧机组）内部的五个立活套处异常

当预精轧机组机架间张力设定不当而产生较大套量时，预精轧内部的 5 个立活套不能及时自行调整，在张力累积一定量后就会产生堆力使轧件尾部产生留尾现象，同时也使轧件尾部容易刮出口导卫而使导卫松动或刮伤轧件。通过对现场事故分析，认为大套量造成先堆后拉及甩尾造成的尾部甩断是造成轧件留尾的主要原因。另外，由于预精轧机组内部辊环冷却水量大，活套扫描仪的工作环境恶劣而造成扫描仪信号故障也是套量产生波动而导致堆钢的原因之一。

26.4.2.3　2 号侧活套区域的堆钢事故

2 号侧活套区域是堆钢事故发生较为频繁的地方，而引起该处堆钢的原因比较复杂。堆钢现象多样，归纳起来主要有三种原因：(1) 活套本身状况不良，如活套扫描仪检测故障等原因造成的活套提前起套、落套，套量波动；(2) 3 号剪剪切状态不好使轧件头部弯曲产生碰撞现象而堆钢；(3) 活套前后导槽、导轮等辅助设备引起的故障，如导槽导轮位置偏移、导轮不能正常转动或导轮破碎等故障使轧件的头部撞击在该处而引起堆钢。

26.4.2.4　轧件不能顺利咬入 16V 或 18V

相对而言，椭圆轧件咬入圆孔型比较困难，其中一些外部原因主要有：(1) 轧件头部温度偏低使其不易咬入；(2) 上游机架间张力偏大，造成轧件头部弯曲使其不易咬入；(3) 预精轧机组内立活套状态不良使其不易咬入。

26.4.2.5　大规格轧件在预缓冷水箱导槽处发生堆钢

轧制大规格产品时，由于轧件尺寸较大，中间空过距离长，空过阻力较大，预缓冷水箱导槽放置位置不佳时，很容易使轧件在该处受阻不能顺利到达减定径机组而引起堆钢。现场曾经发生过预缓冷水箱后空过导槽的两组导轮开口度偏小而引起的堆钢事故。

26.4.2.6　卡断剪故障

在以往轧制生产过程中卡断剪是一个容易被忽略的地方，尤其是精轧机组前面的卡断剪具有比较特殊的结构，当其处于半开半闭状态时，操作人员难以进行检查。一旦其剪刃处于半闭状态，当轧件咬入精轧机组时，2 号侧活套的起套会使轧件碰撞卡断剪剪刃而使其关闭从而导致堆钢。

26.4.3　高速区域（精轧机至吐丝机）

26.4.3.1　机架间张力设定不当造成的堆钢

高速区的张力设定通常表现在预精轧机组与精轧机组之间的张力设定上。当张力设定偏小时，轧件咬入精轧机组后就会产生剧烈抖动而造成堆钢；当张力设定偏大时虽然不会造成堆钢，但会影响成品的尺寸，而且经过一段时间的轧制还会增加轧件头部拱导卫的几率。

26.4.3.2　辊缝设定不当导致的堆钢

当高速区的辊缝设定不当时，在预精轧机组和精轧机组内部机架间的张力就会波动，严重时就会使轧件在机组内被拉断后引起堆钢或直接造成堆钢。即使没有直接造成堆钢现象，在轧制一段时间后由于张力设定不当也会使轧件冲导卫而给正常轧制带来不利影响。

26.4.3.3　机组内部的检测鱼线断导致堆钢

第一种情况是检测误信号导致轧线自动切废，这种情况下发现机组内的鱼线并未断而发出了鱼线断的信号，我们认为主要是由于重锤处的限位开关被误遮或由于限位开关老化故障所导致；第二种情况是在轧制中规格轧件时，精轧机组内的鱼线会被高温的空过导管烤断或者由于鱼线老化断裂而导致轧线自动切废。

26.4.3.4　夹送辊调整不良导致的堆钢

夹送辊对轧件的影响主要是通过辊缝调整产生的。因为夹送辊工作时主要是通过辊缝打开和辊缝闭合动作的，当辊缝设定偏小时，会由于轧件头部撞击夹送辊而产生爆辊环事故，进而给下一轧件的顺利轧制带来了隐患，即使没有使夹送辊环爆裂，夹送辊也会在夹尾动作时把轧件尾部表面夹伤；辊缝设定偏大时，虽然不会造成堆钢，但是由于夹送辊不再起作用而使轧件吐丝尾部圈形变大不利于集卷收集。

26.4.3.5　轧线对中不良所导致的堆钢

高速区设备运行的最基本特点是：轧制速度快、机组间距离较长、导槽较多以及设备安装比较复杂，尤其在精轧机组出口至吐丝机这一段有缓冲箱、4 段水冷、3 段缓冷、夹送辊、各类导槽等众多设备，轧件一旦在该区域受阻就会导致堆钢现象的产生。根据轧制过程中的跟踪、记录，我们发现在轧制 ϕ5.5mm 规格的产品时曾多次发生过吐丝 3~4 圈后轧件堆于精轧机缓冲箱的情况。造成这种现象的原因有多种，但其中最主要的原因还是某段导槽对中情况不佳，尤其是事故箱导槽和水箱入口段导槽的位置偏差；另外，夹送辊前后导槽的对中也是至关重要的，因为如果夹送辊前后导槽位置存在偏差，不仅可以直接造成堆钢，而且有时也会产生轧件头部撞击夹送辊辊环的事故，同时也会导致成品表面在夹送辊处产生耳子。因此，在轧制小规格产品时，要细心做好高速区的设备对中工作。

26.5　避免产生堆钢的措施

（1）当轧制间隙太小时应当手动启动 1 号剪进行剪切，使两支坯料拉开一定距离后再使 1 号剪复位进行正常轧制。此时应注意：由于间隙过小 1 号剪很容易造成切尾、切头信号与切废信号相混而产生延迟现象导致自动切废，因此在手动切废前要将 1 号剪的切头、切尾信号取消。

（2）针对13H～14V区域的堆钢事故，在日常轧制时应重点调整进出口导卫的位置、机架对中情况以及轧件的头部形状等以避免此处堆钢。

（3）对于活套位置处的堆钢事故，在轧制过程中，主控台应当经常查看各活套套量波动情况，机侧操作人员也应当经常观察活套起、落套的状态和轧件的波动情况，台上与台下及时联络使轧件套量处于最佳状态。

（4）对于精轧机前2号侧活套及导槽处的堆钢事故，要重点检查活套内部所有设备的运行情况和安装情况，同时还要严密跟踪3号剪的剪切状态、轧件切口断面形状及活套起、落套的情况、保证状态稳定。

（5）当轧线停轧0.5h以上，轧辊表面冷却易导致轧件头部温度偏低，这不利于后续机架的咬入，这时应当适当延长1号剪的切头长度以保证钢温，同时把预精轧机组内的五个立活套的套量适当地设置小一些。

（6）当张力匹配存在问题时，可在现场轧制过程中，根据操作工的经验观察张力变化情况并通过在线调整辊缝或远程调节轧机转速超前系数来完成对张力的调整。要使轧件出精轧机组后到达夹送辊、吐丝机吐丝的过程顺利进行，必须使轧件在减定径机组与夹送辊之间保持一定的张力，使轧件能顺利地经过水冷段而吐丝成圈。

（7）轧线对中属于设备安装方面的问题，可以通过点检的检查来判断出现问题的位置，然后进行相应的处理，即重新安装、调整或更换新的备件以使轧制线在一条直线上。

26.6 结束语

某公司高速线材从开工至今，随着操作熟练程度和故障判断水平的不断提高，堆钢事故日益减少，因堆钢事故造成的损失也不断减少。通过实践认识到，高线生产过程中对堆钢故障的快速而准确的判断不仅可以有效地减少故障处理时间，而且可以有效制定预防对策，从根本上减少堆钢事故的发生。以上只是简要地分析了一些常见的堆钢现象，而在实际生产过程中堆钢事故的形式是多种多样的，这就需要不断学习，努力提高各种操作技能，找出原因并采取相应措施避免它。

27　高速线材结疤缺陷的规律性判断

27.1　引言

表面质量是衡量高速线材质量的重要指标之一，在高速线材生产过程中，因结疤缺陷造成的损失约占全部废品损失的1/3。影响高速线材结疤质量的因素很多，如冶炼缺陷、轧制工艺不当、设备状况不良等都可能对线材表面造成损害，产生缺陷。

而在实际生产中，对于表面缺陷大多是靠肉眼和经验来检查和判断的，这就难免出现差错，造成漏判或错判。

根据多年的生产实践，经过大量的数据统计和现场跟踪，归纳出高速线材结疤缺陷产生的原因和分析判断的规律，从而为高速线材结疤缺陷的分析和判断提供一些参考。

下面重点以表面结疤缺陷为例，浅析线材结疤缺陷的分析和判断的方法。

27.2　结疤的特征及成因

结疤是尺寸大小不一，无规则缠裹在线材表面的一种缺陷，通常又可分为有根结疤和无根结疤两种。

有根结疤的根部与线材基体粘连在一起，空隙间充填着氧化铁皮或非金属夹杂物；无根结疤与线材基体存在明确界面，极易自行脱落。

结疤产生的原因有：

(1) 轧制过程中，氧化铁皮或其他异物随轧件进入轧机，在条件适当时便形成无根结疤。

(2) 冶炼和浇铸过程中，在钢锭（坯）表面产生的非金属夹杂，在轧制过程中形成结疤。

(3) 钢坯火焰清理不当，或修磨不完善时，也会在轧制过程中形成结疤。

27.2.1　结疤的形状

(1) 点状弥散型细小结疤，如图27-1所示。线材表面弥散着0.5~2mm的细小薄层结疤，在成品盘卷上几十圈或上百圈无规律断续分布，用手触摸略刮手，用劲擦拭会脱落，留下疤痕。这种缺陷往往成批出现，数量很大。

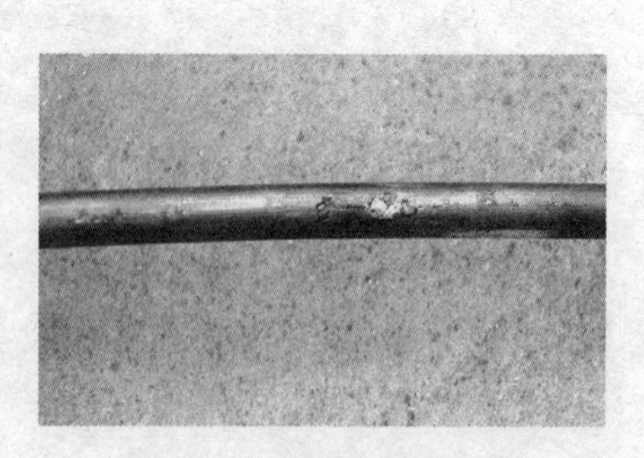

图27-1　点状弥散型细小结疤

(2) 块状无根结疤。线材表面附着大块结疤，其边缘清晰，而形状、大小不一，结疤底部与基体不粘连，在成品表面分布无规律。

(3) 翘皮状有根结疤。在线材表面出现的块状结疤一侧翘起，另一侧与基体相连，是有根结疤，其形状和大小不一致，在成品上一般相对集中出现1圈至10多圈。

（4）点状结疤，如图27-2所示。在线材成品辊缝处单侧或双侧附着点状细小结疤，或连续或断续。

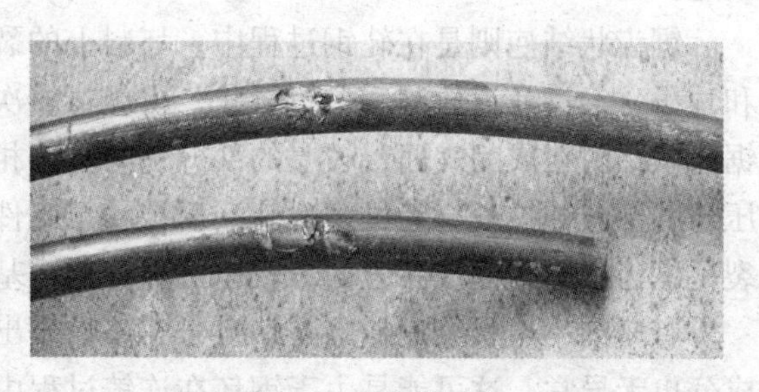

图27-2　点状结疤

这种缺陷外貌上与铸坯点状弥散结疤相似，区别在于轧制点状结疤一般只出现在成品辊缝处，并且通常在某一条精轧线上连续出现，而铸坯点状结疤则弥散分布于线材表面，没有固定位置。

（5）锯齿状结疤，如图27-3所示。其一侧与基体相连，另一侧翘起或压合在线材表面，这部分翘起或压合的边缘呈锯齿状。

这种缺陷往往十几圈甚至上百圈连续出现，但盘卷其他部分表面良好。或者在线材表面一侧或两侧连续出现结疤，结疤的一边与基体相连，另一边翘起或不压合在线材表面，其边缘呈锯齿状。

（6）周期性块状结疤，如图27-4所示。线材表面上有块状结疤，有时被完全压入线材表面以内，表面可见较清晰的结疤边缘曲线；有时略凸起在表面之上，成为凸块。

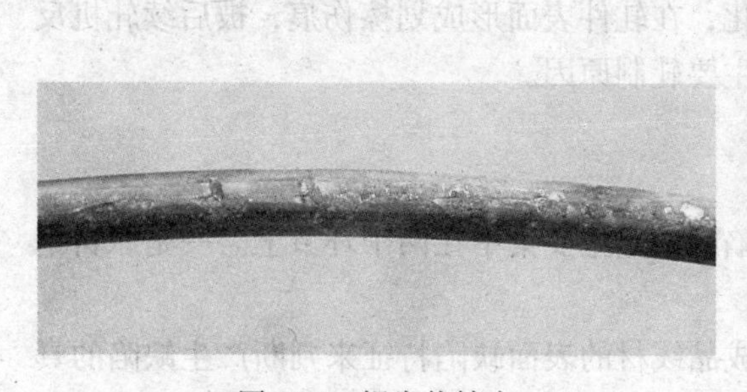

图27-3　锯齿状结疤

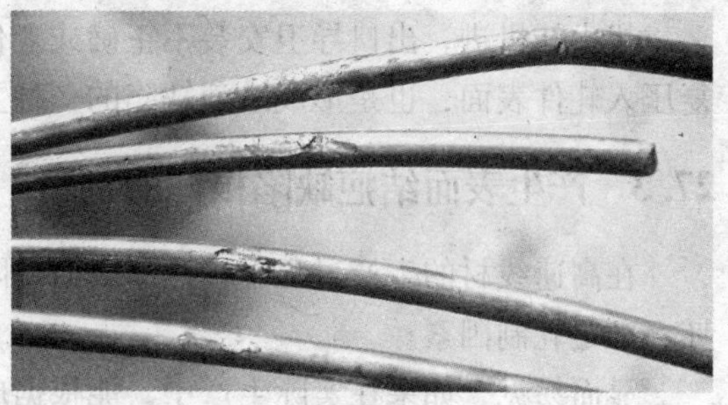

图27-4　周期性块状结疤

结疤外貌形状和大小基本一致，在盘条上周期性发生，此种结疤为有根结疤，一般在某一轧线上连续发生，直至停机为止。

27.2.2　结疤成因分析

27.2.2.1　钢坯原因

根据现场研究，上述第1~5种结疤缺陷主要是由铸坯的缺陷造成的，虽然缺陷4有些是由轧制原因造成，但在实际工作中往往无法严格地区分开来。

由于铸坯角部的横裂纹或纵裂纹及其表面的小块结疤等缺陷深度较大，从而导致铸坯从加热炉出来经高压水除鳞时无法消除，铸坯的这些缺陷不可避免地表现在成品表面，形成点状细小结疤，随着轧件的延伸而弥散分布。

原料上的大块无根结疤和有根结疤或铸坯内部夹杂，经多道次轧制后，随着轧件延伸和细化逐渐暴露出来，由于结疤部分冷却较快，比轧件的变形系数小，不会细化得更小，因此作为大块结疤轧入轧件或在线材表面显现出来，形成块状无根结疤和翘皮状有根结疤。

锯齿状结疤则是在轧钢过程中，坯料上的裂缝、折叠和耳子或轧制过程中形成的折叠和耳子，经过几道轧制后呈折叠状，再经过多次轧制，折叠顶部较薄的部分出现撕裂，呈锯齿状黏附在成品表面，较厚的部分仍与基体相连；或铸坯内部气囊在轧制过程中，没被压合的部分被拉长，经过多次轧制后被移至轧件表面，破裂后呈折叠状，较薄的部分被撕裂呈锯齿状黏附在成品表面，较厚的部分仍与基体相连。

有时细小点状结疤缺陷在整批号、整炉号出现，而铸坯的表面未见明显的缺陷，化学成分也无异常，这可能是由于钢坯在连铸过程中出了问题，或者钢水中的夹杂较多等内在质量原因造成的。

27.2.2.2　轧制原因

周期性块状结疤的形成是由于精轧机组辊环轧槽部分脱落或辊环轧槽横向断裂，在轧件上造成凸块，被后续轧机压入轧件表面所致。

根据辊环缺陷或断裂处机架不同，结疤的大小和深浅及边缘清晰程度也不相同。

靠近成品道次的结疤较为明显，反之则结疤较大，压入较深，只可见边缘曲线。如果是成品孔辊环缺陷或断裂，则在线材上只留下与缺口外貌极相似的凸块。结疤发生的周期与该辊环直径和后道次的延伸系数成正比。

粗中轧机进、出口导卫安装不正确或老化，在轧件表面形成划擦伤痕，被后续轧机反复压入轧件表面，也是形成结疤缺陷的一种主要轧制原因。

27.3　产生表面结疤缺陷根源的判断

在高速线材的生产过程中，产品表面缺陷的产生主要集中在两个环节上。一是原料钢坯；二是轧制因素。

显而易见，如果在实际生产中，能根据成品线材的表面缺陷特征来判断产生缺陷的真实位置，即找出产生缺陷的根源，对于减少和避免损失是十分有意义的。

经过统计分析和现场跟踪，发现所有的表面缺陷均具有相应的因果关系，有一定的规律可循。

27.3.1　钢坯产生表面结疤缺陷的判断

由原料钢坯原因所产生的线材表面结疤缺陷有比较好的位置符合性。如果设钢坯是边长为 a 的方坯，钢坯缺陷距头部的距离为 b，成品线材半径为 r，则根据体积不变的原理有：

$$\pi r^2 \times L = a^2 \times b \tag{27-1}$$

即

$$L = (a^2 \times b)/(\pi r^2)$$

式中，L 为成品线材上表面缺陷距头部的距离。

如果是由于原料钢坯因素引起的成品表面出现结疤（前述1~4种）根据计算，通过 L 值即可判断该缺陷在原料上的基本位置，从而通知生产厂查找原料相关情况，如无问题则再进行其他因素的检查，比如轧制的情况等。

27.3.2　轧制因素产生表面结疤缺陷的判断

由于高速线材轧制工艺的特点，因精轧机组故障所产生的成品线材结疤缺陷都有一定的周期性，因此，准确地分析结疤缺陷出现的周期长度，就能够比较准确地判断出现问题的位置，以达到及时排除故障. 减少损失的目的。

该生产厂精轧机组由 10 架轧机组成，粗轧、预精轧由 13 架和 4 架组成，粗轧、预精轧、精轧制各工序都有可能由于轧制原因产生结疤缺陷。

首先我们注意成品辊产生缺陷时，在线材表面所产生缺陷的周期性，即周期长度。进而分析任一架轧机故障所形成的表面缺陷都会经过成品孔轧机，所以我们在分析时，按照秒体积流量相等原理，故障孔产生的表面缺陷在线材产品上也出现周期性，只是长度随轧制道次减小而增加。这种产品规格表面缺陷出现的周期性，在实际生产中很有指导意义。

例如实际工作中，成品表面出现有规律的较大块结疤，则基本可判断为精轧机双道次滚动导位有问题产生的；较为细碎的点状结疤（前述第四种）则基本可判断为精轧机或预精轧机单架次发生轻微倒钢或孔型错位引起。

另外，粗轧单架次进口导位由于某种原因产生刮钢会在成品表面形成无规律弥散型结疤或锯齿型结疤；双架次出口导位扭转角度不好会引起线材成品前端或后尾部分表面出现较小的点状结疤。实际检验工作中要细心观察，根据不同情况和规律性进行判断。

27.4　结束语

高速线材结疤缺陷一方面影响到最终使用，另一方面也给生产厂带来了大量损失。

在实际工作过程中，加强在线产品质量监督检查，及时发现产品结疤出现的各种缺陷，通过上述分析总结的经验，及时准确地将存在的缺陷问题反馈给生产厂，并将自身分析的产生原因与相关岗位进行沟通，充分发挥质检工作及时反馈、协助解决的作用，使出现的问题尽快得到处理，从而降低检验废品量，使生产厂的损失、消耗降到最低。

28 高速线材轧机生产中的张力控制

28.1 引言

连续式轧机的张力控制，是高线生产工艺的重要特点之一。控制好生产过程中的张力平衡避免有害张力对生产过程的不良影响。对于高线生产的稳定和产品质量提高意义重大。

（1）在理想轧制状态下，机架间施加一定的张力可以降低轧制压力，降低生产成本。但在连续式轧机生产中，由于轧件同时通过数架轧机，机架间的张力常常造成整个生产过程的张力分布不均匀。这种载荷不均匀分布会造成轧机间机组速度的波动，使轧制状态不稳定。并且前后两架间的张力大于正常值时，会造成后架轧机载荷急剧增加。这种急剧增加的载荷会对轧机的传动设备，特别是对悬臂式轧机的传动设备造成损害。所以正确设定和调节机架间的张力，不但可以降低单架轧机载荷，延长传动设备寿命，还可以均衡轧机负荷，降低生产能耗。

（2）前后两架之间纯在张力时。使前架秒流量增加，后架秒流量降低，使前架轧机的前滑量增大，而后架轧机的前滑量减小。由于摩擦系数随前滑增大而增大，导致轧制过程中的摩擦值增大，造成轧机孔型系统的过度磨损。合理的张力设置可以减少轧槽的磨损，减少换孔型次数，降低成本。

（3）由于张力的不均匀分布。可以导致轧件通条尺寸的不均匀分布。在轧制过程中产生不均匀变形，增加孔型及其入口导卫装置的磨损。所以合理正确控制张力可以减少孔型及入口导卫的更换次数，减少检修时间，提高生产作业率。

（4）合理正确的调节张力。可以稳定轧制过程使轧件通条尺寸均匀，提高产品尺寸精度。同时减少产品头、尾部因失张造成的不合格部位的修剪量，提高成材率。

28.2 控制措施

根据本厂高速线材轧机类型、设备布置形式和生产特点，对张力的调节控制可分为以下几部分进行。

28.2.1 粗、中轧机组的张力控制调节

粗、中轧机组为二辊闭口式机架，平立交替布置，传动方式为联合减速机形式，直流电机单独传动，其轧制方式为单线无扭微张力轧制。粗、中轧机组的张力控制是整个生产过程张力控制的基础。粗、中轧机组采用微张力轧制方式是为了补偿某些生产中不可避免的干扰因素（孔型磨损、钢温波动、坯料断面尺寸公差、坯料化学成分不均匀、连轧过程中的速度波动等）对连轧平衡关系的影响。

张力的控制主要靠调节速度实现。调速采用级联调速方法。原则是在不产生堆钢的前提下张力尽可能减少，控制张力值要使轧件处于稳定状态的效应大于各种外界因素变化引起的不稳定效应，并使轧件头、中、尾部尺寸偏差尽可能小。现场经验是：粗轧微堆，中轧微张。粗中轧机组出口轧件头、中、尾部宽度的波动应在总宽度尺寸的2%以下，这样有利于稳定尺寸和保持轧制节奏。

张力的调节主要采用电流判断法来判断张力大小。假设轧件咬入第一架时该架主电机的电流值为A，当咬入第二架轧机后，若第一架电流值为A则该两架在即间无张力。若A值下降则说明拉刚，反之A值增大则堆钢，采取升降第一架速度的方法进行调节。调节时从首架开始，逐架向后调整。升速时应级连微调升速，边升速边观察电流值的升降变化，同时观察现场两架间是否有小波浪堆钢现象形成。

机架间张力的检查，判断方法有以下几种：

(1) 通过铁棒等工具敲击轧件，检查机架间拉紧程度。

(2) 观察轧件宽度尺寸变化来判断张力大小。

(3) 参考轧机电流曲线发现前架电流远小于后架电流，说明两架间存在较大张力。

28.2.2　预精轧机组的张力控制

预精轧机组也是平立交替布置。传动方式为联合减速机形式直流电机单独传动。轧制方式是单线无扭、无张力轧制。预精轧机组的无张力轧制是整个轧制过程中消除张力影响的关键环节，其无张力轧制是依靠机架间的活套装置来实现的。

活套装置的调节控制原理为：轧件头部进入下游接收机架后，活套支撑臂抬起，上游机组级联升速，在机架间形成一个无张力的活套，防止机架间产生张力。轧件尾部脱离上游机架的同时，支撑臂下落，上游机组降速活套消失。当由于粗中轧区域张力作用而产生尺寸波动的轧件通过活套装置时，活套通过以下方法进行调节：

(1) 轧件尺寸（秒流量）减小时，活套高度自行降低，活套处轧件自然释放节存能量弥补不足的秒流量，同时上游机组维持套高而升速。

(2) 轧件尺寸（秒流量）增大时，上游机组减速以保证活套高度不变，将活套区域的金属秒流量减少。

活套通过维持套量高度，增大或消减上游基建金属秒流量的原理，以达到最终消除轧件尺寸波动，使后续机架得到尺寸稳定的轧件。

为了使活套充分发挥作用，满足正常工作状态必须注意以下几点：

(1) 轧件头部进入下游机架同时，支撑臂必须迅速抬起，轧件尾部脱离上游机架时，支撑臂应立即下落防止轧件堆钢、打结。

(2) 当轧件头部进入活套出口侧机架后，起套辊由低位升到高位，起套辊总是从最低位置运动到机械调好的最上停止位置，升起后起套辊的位置不应随活套高度而变化，起套辊仅起支撑和导向活套的作用。

(3) 活套的工作高度是以机械调好的起套辊支撑高度为基础，通过扫描器采集信号，自动控制套高维持在主控程序设定高度。

(4) 起套后形成的活套位于入口端的上辊上和出后端的上辊之间，活套的顶点是在起套辊和导槽出口端的上辊之间。

28. 2. 3　精轧机组的张力控制

精轧机组为悬臂辊环式轧机，顶交 45° 布置。传动方式为联合减速机形式，交流电机集体传动。轧制方式为单线无扭微张力轧制。由于精轧机组为集体传动，机架间张力是由轧机的传动方式和轧制产品孔型系统设计来决定的。所以孔型系统中各架次的辊缝设定是否正确是影响精轧机架间张力平衡的主要因素，日常调节必须保证以下两点要求。

（1）正确的、合格的预精轧料型供给。

（2）科学、准确、合理的精轧辊缝设定。

精轧机某处辊缝小于正常值时，压下量过大，使机架间产生较大的张力，精轧机组间张力失去平衡会导致以下危害：

（1）使成品尺寸调节难度增加，产品质量无法保证。

（2）精轧机组间不均匀变形，造成轧制不稳定，加快导卫装置的磨损。

（3）前后两架张力过大，当轧件尾部脱离前架时瞬间失去张力，造成后道次秒流量急剧增加，导致后架留尾堆钢。

（4）当较大张力集中于后五架小辊径处时，导致主电机载荷增加 15%~20%.

28. 2. 4　精轧机与夹送辊、吐丝机的张力关系调整

夹送辊的作用是夹持轧件达到顺利吐丝成圈的目的。夹持功能分为两种形式：全程夹送和夹尾夹送，日常采用夹尾夹送。精轧机与夹送辊的速度匹配是保证高速轧制不堆钢的前提，在实际轧制过程中，精轧机与夹送辊之间以恒张力控制形势来保证匹配关系。其调整方法如下：首先保证夹送辊的工作压力 3. 0~4. 0MPa。夹送辊辊缝设定为刚好夹持住轧件而不产生大的夹痕。一般设定为轧件公称直径的 96%~97%. 然后调整夹送辊的超前系数，使其超前精轧机组速度的 3%~5%。控制夹送辊的夹持电流到 30A 左右为宜。当夹送辊的张力调整好后，调整吐丝机与之匹配，实际生产中一般设定夹送辊吐丝机超前精轧机 1. 5%~2. 2%。

28. 2. 5　粗、中、预、精各机组间的张力匹配

各机组的张力控制好之后，还要考虑整体之间的配合。张力的整体控制应依据“梯形速度制度”升降速平衡稳定。

在整个轧制过程中任何部位环节存在较大张力都会造成轧制不稳定，对生产造成不利影响。所以必须严格规范操作，实行标准化作业，按照“轧制程序表”的设计要求，以轧机孔型设定为基础保证，配合以合理的速度状态，同时确保各个活套处于正常工作状态，充分发挥其消张作用，这样才能良好地控制整个轧制过程的张力状态。使生产过程合理，有序，高效，节约，闭环控制的生产秩序下顺利进行。

28. 3　结束语

某公司高速线材从开工至今，随着操作熟练程度和故障判断水平的不断提高，在整个生产过程中的张力控制与调节日趋合理稳定。因张力造成堆钢事故日益减少，因堆钢事故

造成的损失也不断减少。通过实践认识到，高线生产过程中对张力快速而准确的判断不仅可以有效地减少轧制堆钢事故，而且可以有效提高轧制节奏，从根本上提高产量。以上只是简要地分析了一些常见张力调节和控制，而在实际生产过程中张力变化形式是多种多样的，这就需要不断学习，努力提高各种操作技能，找出原因并采取相应措施控制调节好张力。

29 高线产品表面缺陷产生原因及对策

29.1 引言

高线车间高速区关键设备是仿摩根五代轧机，该生产线设计速度 120m/s，保证速度为 90m/s。全线由 28 架轧机组成，粗、中轧共 14 架，预精轧 4 架，为平立交替布置，精轧机 10 架为顶交 45°布置，精轧机后无减定径机组，直接是夹送辊及吐丝机。产品规格 ϕ5.5~16mm，规格跨度较大，生产的品种主要有建筑用钢、拉丝材、硬线、合金焊线钢及冷镦用钢等。

用户对深加工用品种钢盘条表面质量要求越来越高：不得有划伤、折叠等缺陷。盘条在进行如拔制、弯曲、扭转、镦头等深加工过程中不能产生开裂。为此，有必要进行研究探讨，找出应对办法，满足生产深加工用品种钢盘条的表面质量要求。

29.2 各类表面质量缺陷产生原因及对策

29.2.1 耳子

线材表面平行与长度方向的条状凸起，产生于一侧为单边耳子，双侧尾双边耳子，断面上、下两个半圆错开的叫错边耳子。

29.2.1.1 产生耳子的具体原因

(1) 过充满。前架次来料尺寸控制不好，料型过于偏大，到后架轧机充满进行轧制而形成耳子，调整时应把握好各架轧机的充满度，正确合理的调整辊缝，对于精轧机应该合理调整 19 号架辊缝。

(2) 压下量过大。成品孔压下量过大，实际操作中辊缝调整小，使钢料轧制时产生耳子，应合理调节 K1 辊缝。

(3) 入口导卫偏。轧件咬入不正造成单边耳子，高线车间生产中也出现过，轧机工段应加强精轧调整工导卫安装质量。

(4) 入口导卫磨损、轴承烧坏。成品架导卫磨损严重后，轧件在进入辊环轧槽时发生倒料现象，导致轧制时出现错边耳子。导卫轴承烧损严重，轧件倒料现象严重产生双边大耳子。

(5) 错辊。错辊严重时，发生错边耳子。

(6) 轧件温度偏低。钢温低时，变形抗力增大，不容易产生变形，尤其轧件的头、尾部分温度低于轧件中部，轧制后尺寸相应大一些，易产生双边耳子，在品种钢生产时头尾耳子部分必须在 PF 线剪切工位剪切干净。

29.2.1.2 防止及解决办法

(1) 入口导卫要对正孔型，安装牢靠，保证轧件线对中。

(2) 提高坯料加热质量，尽量保证加热温度均匀。

(3) 合理调整各架次压下量，控制机架间张力平衡，保证各架次料型尺寸及断面形状符合工艺要求。

(4) 及时检查入口导卫磨损情况，磨损严重及时进行更换。

29.2.2　折叠

盘条表面层金属的折合分层，外形与裂纹相似，在横断面上与表面呈小角度交角状，常呈直线型，也有呈曲线形或锯齿形，这种表面缺陷称为折叠。折叠的分布有明显的规律性，一般是通长的，也有的是局部或断续地分部在线材表面上。折叠的两侧伴有脱碳层或部分脱碳层，折缝中有较多的氧化铁皮。

29.2.2.1　产生折叠的原因

(1) 轧制时由于前道轧件出耳子，在后道轧制时被轧折起。

生产实例：小规格 ϕ6.5mm 生产时，K3 和 K5 辊缝设定偏小导致出耳子，经 K1、K2 道次轧制后产生折叠，此类折叠由于精轧变形量小，导致易于划痕混淆。高线生产中发生一起此类生产工艺事故，一个班基本未过钢，都在查找原因，最后对 6 寸辊环全部更换后，过钢正常。

经开分析会讨论，根本原因是精轧调整工将 K3 和 K5 辊缝的辊缝记错所致。

(2) 轧件表面被严重刮伤，后被轧折起。

生产实例：高线生产中出现由于钢坯质量较差，导致滑动出口导卫上下导板间隙留铁片，将轧件划伤导致成品料上产生折叠，造成成品料待判。

(3) 由于轧槽掉肉，造成轧件表面凸包，在轧折起。

生产实例：高线车间多次出现精轧机辊环缺水后轧槽外边缘崩裂掉块，导致中间料出现凸包，经下道次轧制后导致成品料产生折叠，造成成品料待判。

(4) 上下轧槽尺寸未对正（错辊），轧件出棱子被轧折起。

29.2.2.2　防止及解决办法

(1) 提高精轧调整工的调整技能，加强日常管理、监督，以及增加其他调整工或带班长确认来保证辊缝设定正确。

(2) 加强对钢坯原料质量的检查，加大精轧调整工班中对各架次进出口导卫的检查频次，防止留废钢片划伤轧件表面。

(3) 加大班中精轧机辊环的检查频次，防止因辊环崩裂掉块导致轧件表面产生凸包后产生折叠。

(4) 严格规范轧机调整工的调整操作规范，正确安装导卫装置，防止轧件出耳子和棱角。

29.2.3　裂纹

盘条表面沿轧制方向有平直或弯曲、折曲的细线，这种缺陷多为裂纹。有的裂纹内有夹杂物，两侧也有脱碳现象。钢坯上未消除的裂纹（无论纵向或横向），皮下气泡及非金属夹杂物都会在盘条上造成裂纹缺陷。

29.2.3.1　轧制过程中形成裂纹的主要原因

（1）轧槽不合适，主要是尖角和尺寸有问题，表面太粗糙或损坏。

（2）粗轧前几道导卫的划伤。

（3）粗大的氧化铁皮轧进轧件，通常在粗轧前几道产生。

（4）导卫尺寸太大。

29.2.3.2　防止及解决办法

（1）高压水除鳞是否正常，轧机轧辊的冷却水路是否堵塞或偏离轧槽。

（2）导卫是否偏离轧制线，有否氧化铁皮堵塞在某个导卫中。

（3）轧槽是否过度磨损或因处理堆钢事故时损伤了轧槽。

（4）精轧机是否有错辊，导卫是否对中及尺寸是否对应于所轧的规格。

29.2.4　划痕

划痕是线材表面沿长度方向上的缺陷，其形状和大小各不相同，有的划痕沟侧有翻起的重叠边，也有很小的尖裂纹像划痕，主要是成品通过有缺陷的设备，如导卫、活套、水冷箱、夹送辊、吐丝机、散卷输送线、集卷器及打捆机造成的。

29.2.4.1　产生划痕的原因

（1）导卫黏废钢片或加工不良、磨损、开裂等都会产生表面划伤。

（2）水冷导槽异常磨损、吐丝管内划痕划伤轧件表面。

（3）夹送辊出口导卫划伤轧件。

生产实例：在生产大规格盘圆时，如 ϕ11.5mm SWRH77B 和 ϕ10mmQ235，轧件表面出现明显的划痕，轧线的空过管、水冷导卫全部检查更换后，仍未排除，但通过将夹送辊滑动弯导卫改成滚动导卫后，轧件表面划伤消除，保证品种钢生产表面质量的要求。

（4）在集卷、运输、打捆、装卸过程中所产生的表面划伤。

29.2.4.2　防止及解决办法

（1）每次轧机停机要检查每个机架上的导卫。

（2）孔型或导卫对中性不好是产生划痕的最常见原因，要定期检查。

（3）在品种钢生产实际中，严格检查水冷导槽有无磨损异常，若有及时更换。

（4）在品种钢生产实际中，小规格换大规格工艺时，严格执行更换新吐丝管，避免因吐丝管内滑槽棱角划伤轧件表面；大规格生产时，将夹送辊出口滑动导卫改成滚动导卫。

29.2.5　麻面

在放大镜下能明显地看出在线材表面连续分布着不规则的凸凹缺陷，即麻面。

29.2.5.1　产生麻面缺陷的原因

（1）成品轧槽超轧制量，表面磨损严重。

（2）轧辊冷却不良，钢温过低，造成轧槽严重磨损或轧槽黏附氧化铁皮。

（3）吐丝温度过高，冷却速度过慢，盘条表面受到严重氧化也可造成麻面。

（4）钢坯加热不当（驻炉时间较长或加热温度过高），尤其是高线品种钢生产过程中的高碳钢 65 和 70 钢，局部或全部严重脱碳也可形成麻面。

29.2.5.2 防止及解决办法

(1) 严格按计划更换轧槽。

(2) 交接班时要全面检查轧辊冷却和轧槽表面的情况。

(3) 定期检查水质。

(4) 检查轧辊的冷却水管是否堵塞。

(5) 品种钢生产前，及时检查各架次轧槽磨损情况，若有龟裂等磨损严重时必须利用换工艺时间进行导槽。

29.2.6 水锈

线材水冷强度过大而在表面产生的一种红色氧化铁皮，尤其是品种钢生产中的合金焊线 ER50-6 和 ER70S-6。这种氧化铁皮可以用手擦除，一般少量的水锈不会产生问题，但严重的水锈影响下游工序的生产加工，因此应避免产生严重水锈。

29.2.6.1 水锈产生的原因

(1) 精轧后冷却强度大，吐丝温度低。

(2) 穿水冷却系统水质较差。

(3) 水冷箱高压反冲气压力低，封水效果不好导致轧件出水箱后带水。

29.2.6.2 防止及解决办法

(1) 合理分配各水箱水量。

(2) 定期化验穿水冷却水水质，保证各项指标符合要求。

(3) 检查压缩空气压力，保证在 0.5MPa 以上。

29.3 结束语

高速线材品种钢生产中，产品表面质量缺陷的形成原因及故障排除方法并不复杂，一线操作人员应严格遵守岗位操作规程以及各工艺制度，做到勤观察、勤调整并及时总结经验。定时对导卫、轧辊、钢坯及加热、冷却水等进行检查，以减少出现表面质量缺陷的次数，保证线材产品品种钢表面质量。

30　高线精轧机28号出口堆钢的控制与研究

30.1　引言

高速线材厂于2006年建成投产，设备从外国全套引进。全线28架轧机，设计最大轧速为120m/s，实现了无扭轧制，具有先进装备水平。粗轧、中轧采用平立交替的闭口式轧机实现了无扭轧制，预精轧四架为哈飞轧机，精轧机为意大利达涅利轧机的布置方式。随着生产力的不断提高，2016年初所用原料由原来的150mm×150mm×12000mm改为160mm×160mm×12000mm方坯。可生产ϕ5.5~20mm普线、硬线、焊丝、螺纹钢筋等10多个规格21个品种的线材，年生产能力为70万吨。但是自投产以来，多次发生堆钢，通过10年的生产，根据统计2016年1~8月份堆钢次数为160次，其中精轧机28号出口堆钢次数为120次，占全线堆钢总数的70%以上。是制约生产和成材率的主要原因。

30.2　堆钢原因分析（精轧28号出口堆钢的主要原因）

根据堆钢的部位分析，即看堆钢是在轧件头部，中间还是在轧件的尾部，如果堆在轧件头部，即头部堆在废品箱或水冷段，可以判断是因为水冷段水管、喷嘴、导槽等的安装位置有问题，使轧线不在一条直线上，轧件在前进过程中受阻而堆钢；可以判断为精轧机前设备存在位置不正等原因，如7号活套后导管不正，精轧机前跑槽磨损严重等。如通过以上检查未发现设备安装有问题，同时轧制的钢质为中高碳钢，则可能是因为水冷却原因造成轧件弯曲而堆钢。在精轧机内部发生堆钢时，高温的线材烧断细绳触发一个接近传感器，该传感器使卡断剪启动，从而在精轧机入口侧停止轧制，并使上游碎断剪将其余线材进行切废．判断堆钢原因的基本方法：在解决堆钢问题时，正确判断分析堆钢的原因是非常重要的，特别是在现场生产中，有时找出问题原因比解决问题更困难。

（1）因为夹送辊夹持不及时或是因为夹送辊的夹持力不够，则应调整夹送辊的辊缝，或更换新的夹送辊，使夹送辊能起到夹持作用。如果辊环磨损严重则应立即换辊。

工艺设存在的缺陷，主要是轧后穿水的反应时间需要11s，如跟钢节奏低于11s，由于穿水未回完，下支钢头部阻力过大，走向不好，在水冷线产生摩擦，产生堆钢。

（2）轧后穿水水压波动大，穿水器水量不均匀，轧件在轧制过程中阻力过大造成堆钢。

（3）由于粗、中轧轧制速度较慢、轧件温差过大，头部温度下降较快，出28号出口时，耳子过大产生摩擦，造成堆钢。

（4）由于线材断面小，轧件的强度低，如果张力稍大就会拉断轧件造成堆钢；如果张力较小，则在轧制过程中，轧件在精轧到夹送辊之间的水冷段中起浪，也会造成堆钢。

为此，高速轧机在控制系统中采用了超前系数这一控制方法，即使夹送辊的线速度比精轧机的线速度大一定的百分比，经过调整超前值，可以使夹送辊的速度相对于精轧机的出口速度有一定的调整量。

精轧机组与加送辊、吐丝机转速的设置不匹配产生堆钢。

（5）进、出口导卫的装配不规范、标准、产生堆钢，夹送辊进出口导管安装不正确、磨损严重或导管内有异物。钢坯质量有问题如夹渣，皮下气泡等原因，造成在水冷线吐断或遗留一节，下支钢来受阻，造成堆钢。

（6）轧后穿水控制阀得不到及时维护，电源控制信号失灵，穿水压力不均，有长流水产生堆钢。

（7）吐丝机直管与吐丝弯管磨损过大或安装不正确，产生堆钢。

（8）如果长度小于水冷段的长度，则是因水冷段的水管、喷嘴、导槽等的安装位置有问题；如果长度基本上等于水冷段的长度，则可以判断是夹送辊前的导卫安装不正，使轧件在进入夹送辊时受阻而发生堆钢；如长度超过水冷段长度，则可以判断是因为精轧机的出口速度与夹送辊的线速度不匹配而堆钢；如果吐丝很乱，且吐丝不正，左右飘动，则可以判断是因为夹送辊夹持不及时或是因为夹送辊的夹持力不够，起不到夹持作用而堆钢；如果在正常轧制过程中，吐丝正常，导位没有缺陷等条件下产生堆钢，可以考虑为轧件本身的缺陷，如夹渣等轧后空过半圆跑槽及穿水器因磨损大或安装不正确，改变轧件头部走向，产生摩擦产生堆钢。

（9）精轧机组辊缝设置有误及辊环匹配误差较大，使机架之间堆拉关系不稳定，产生堆钢。

（10）夹送辊前检测信号失灵，使夹送辊不能按时张开/闭合，造成堆钢。

（11）线材内部质量缺陷（冶炼缺陷）或轧制缺陷（严重折叠或耳子）造成堆钢。

（12）如果是水冷却的原因，则应加大轧制时的头部不冷却的距离，即使头部一段距离不冷却。活套调节不好，3号飞剪光电管异常，造成测量误差，3号飞剪未切头或切头过短，头部温度过低，出28号出口时，耳子过大产生摩擦，造成堆钢。

30.3 解决方法

解决因速度不匹配造成的堆钢问题，就是要使超前值的大小处在一个合理的范围。同时根据现场实际情况，判断是因张力过大还是过小而造成的堆钢，然后进行适当的调整。如果张力过大，则减小超前值，反之则增大超前值。目的是使轧制过程中轧件在精轧到夹送辊有一个合适的张力。

（1）利用空余时间或现场出现问题对职工进行现场技能培训，不断提高职工技能，按工艺操作规程规范作业，标准化作业；严格执行各项规章制度。

（2）根据不同的钢种，不同规格，制订相应的跟钢节奏，保证轧后水的反应时间控制及轧制稳定。

（3）每班必须对穿水压力进行每小时一次的专人检查，发现穿水异常，及时通知相关人员进行处理，保证轧后穿水压力稳定，穿水流量均匀，给生产稳定创造有利的条件。

（4）严格执行加热制度，每班对预热段，加热段，均热段的温度进行抽查，根据不同钢种，停轧时间的长短制订相应的开轧温度，控制好钢的头部温度，保证钢温正常，不影响正常生产。

（5）按标准控制好，精轧机，夹送辊或吐丝机之间的工艺参数，使之达到匹配；如更换精轧机，夹送辊辊环，对辊环辊径认真确认，如换吐丝盘要对吐丝盘动平衡进行掌握，给操作工准确的参数，使其在转速的匹配上有一定依据，保证开轧精轧机，夹送辊或吐丝机之间的转速合理匹配，保证轧制顺行。

（6）指定专人对精轧机，夹送辊进出口，穿水器，水冷线半圆跑槽的安装，如其他非岗位人员过来互助，班组长进行逐一检查确认，对岗位人员高要求，严标准，用标准化作业来保证进出口导卫的安装标准；轧制过程中不能因安装原因影响生产。

（7）针对穿水器的检查制订标准，专人进行检查，轧制过程中打开穿水器盖子对穿水流量，穿水器对正，控制阀好坏进行动态巡检，发现问题及时停机处理，对轧后穿水控制阀进行定期检查，维护和更换；达到过钢要求，保证正常生产。

（8）严格对吐丝机直管，吐丝管定期检查，按吨位进行更换；对上线的吐丝机直管，吐丝管进行跟踪，并做好相应的记录，发现异常及时处理。

（9）对轧后穿水器，每班逐个进行检查，发现错位的及时校正。

（10）要求电工每班对光电管，活套扫描仪进行不低于两次检查，雾气大的时候，及时检查风机是否正常，发现问题及时处理，保证检测信号正常。

30.4 操作方面

轧制正常顺利的基本控制原理是：轧件在出精轧后到达夹送辊、吐丝机吐丝，要使这一过程顺利进行，必须使轧件在精轧机与夹送辊之间保持一定的张力，使轧件能顺利地经过水冷段而吐丝成圈。

（1）加强操作人员的技能培训，对岗位工人不定时抽查，采取一帮一的方式，不断提高岗位技能，不断提高责任意识，要让岗位上认识到不是为哪个干工作，干工作是为自己，把自己当作主人，为自己，为家人，为单位创造更大的效益。

（2）岗位人员要对自己岗位的参数进行交叉确认，班组长要起到监督作用，在工作过程中，相互学习，不断进步，不断提升自己业务能力，达到操检合一水平。为单位效益做应有贡献。

（3）操作岗位人员下到现场了解轧机间的堆拉关系，料型大小，以便于对轧机间转速的调整，调整岗位人员到操作台了解参数的设定范围，电流，转速大小，操作的难度，以便于料型调整上位操作工提供合理料型，做到交叉学习，相互了解，争取创建一个追，敢，超团队。创建一个和谐共处团队。

30.5 效果

通过开展以上的学习与实践减少了精轧机 28 号出口堆钢的现象，从原来每月 20 支，降低到每月 3~4 支，降低了工艺故障的影响时间，从而为生产赢得了时间，提高了轧机作业率，降低了生产成本，提高了产能，成材率由于之前的 97.8%提高到现在的 98.2%，为公司创造了一定的经济效益。

30.6 存在的不足

（1）由于职工技能参差不齐，堆钢的现象时有发生，需加强对岗位职工岗位技能和责任心的提高。

（2）由于岗位人员相对较少，巡检力度不够，还需加强。班组在生产过程中要有计划，有目的的制订措施，确保生产顺行。

（3）标准规范化管理做得不够，生产工作缺少标准化，作业标准不完善，标准制定不合理。

（4）岗位职工生产理念落后，没有形成以订单为中心的生产运作理念。

（5）从员工素养提升入手，开展改善提案活动，从而使班组整体水平提升。

31　高线吐丝乱的原因及控制措施探讨

31.1　引言

高速线材轧机一般是指最大轧制速度高于 40m/s 的线材轧机，是冶金技术、电控技术和机械制造技术的综合产物，在高速线材生产线上，线材在经过轧制后，需要通过吐丝机吐丝成圈，才能完成由直线状线材向盘卷的转化。

某公司轧钢厂高线车间自 2013 年初投产以来，轧制规格 ϕ5.5~12mm，成品最高速度稳定在 80m/s，随生产的逐步稳定，产量稳步提升及品种钢的开发生产，吐丝的好坏直接影响高速线材的实物质量。尤其在品种钢的生产，吐丝乱会造成红料在散冷辊道挂钢，必须打到辊道爬行或停止处理，而品种钢不允许红料在散冷辊道运行中停留，辊道爬行或停止会直接影响品种钢性能，如何消除吐丝乱成为影响生产的主要环节。

31.2　高线工艺布局

长钢高线生产连铸坯采用 150mm×150mm×12000mm。轧机区共 28 架轧机，全连续布置，分为粗轧、中轧、预精轧及精轧机组。其中粗中轧机组采用高刚度短应力线轧机，预精轧机组采用悬臂轧机，精轧机组采用顶交 45°无扭轧机。精轧机组最高设计速度为 113m/s，保证速度为 90m/s（轧制 ϕ5.5~6.5mm 时）。精轧机组前设有两个水箱的水冷段，精轧机组后设有 5 个水箱的水冷段，然后再通过夹送辊进入卧式吐丝机，形成平均直径为 1050mm 的螺旋状线圈，并落至散卷冷却线的辊道上。精整区进行收集、打包并入库。

31.3　吐丝原理

31.3.1　吐丝机的结构

高线吐丝机为卧式结构，位于精轧机后控制冷却线的水冷箱与散冷辊道之间。吐丝机由传动装置、空心轴、吐丝盘、吐丝管、锥齿轮等零部件组成。吐丝机由一台电机驱动，通过齿轮箱内一对锥齿轮啮合带动空心轴旋转，吐丝管安装在吐丝盘上，吐丝盘与空心轴通过螺栓连接。

31.3.2　吐丝机吐丝过程分析

吐丝机工作时，线材通过高速旋转的吐丝管时，受到吐丝管管壁的正压力、滑动摩擦力、精轧机和夹送辊的推力、自身的离心力的作用下，随着吐丝管的形状逐渐弯曲变形，有直线运动逐渐弯曲，并在吐丝管出口达到所要求的曲率，形成螺旋线圈，均匀平稳的成圈吐出。

31.4 吐丝机常见故障

（1）吐圈不圆。吐丝机开始吐圈后，部分圈形不好或吐丝的圆度不够，导致控冷轨道和集卷站经常发生堆钢、卡钢影响生产正常进行。

（2）甩尾。线材尾部经吐丝机吐出时出现的线圈乱、成圈不圆，线圈排列间距不等，甩尾幅度随轧制速度提高而越趋严重，严重时尾部成子弹头飞出。

（3）吐丝线圈左右摆动。在吐丝的过程中，出现吐出线圈左右摆动的现象，在一定程度上增加集卷难度，并严重影响盘卷包装质量。

（4）吐丝圈出现大小圈。吐丝状态不稳定出现吐圈大小圈交替。

（5）吐丝时向单面倾斜。吐丝时向一个方向倾斜，造成线圈单面摩擦，线圈变形。

（6）吐丝管寿命短。吐丝管使用寿命短不但会增加生产成本，严重时吐丝管壁还会被摩穿，发生堆钢事故。

31.5 吐丝乱原因分析

31.5.1 吐圈不圆

线圈不圆，通常造成线圈下集卷筒收集成线卷后的某一方位沿高度方向出现大圈。

（1）造成吐圈不圆的原因是换规格时，吐丝管没更换或者使用中吐丝管磨损后动平衡被破坏，以及新吐丝管换上后影响动平衡。

（2）吐丝机后第一组散冷辊道平台不够高，当轧件温度高时，线圈太软，线圈跌落时，会变成椭圆或乱圈。

31.5.2 甩尾

轧线运行速度和吐丝机转速产生一个相对速度时，易在尾部突出瞬间产生甩尾现象。

其次吐丝盘外圆面单面与其护罩间的间隙增大，吐丝机高速旋转时产生的气流出现剧烈波动，线材尾部在间隙大的位置受到拉拽造成甩尾。

31.5.3 吐圈忽左忽右飘落

轧件轧后高度减小、摩擦系数增大、辊环辊径增大、道次压缩率增加则前滑值增大；张力在所有影响因素中对前滑的影响最大，随着张力的增加，前滑值增加，而后随张力的增加前滑值将减小。为使前滑值稳定，从而保证线材实际速度稳定，就要针对具体钢种，对轧线各控冷控温点的实际温度进行监测和及时调节，保证温度均匀，控制关键道次料形尺寸，合理调节轧线张力，合理使用辊环。

31.5.4 吐丝线圈出现大小圈

（1）吐丝管的材质影响。不同材质的相对轧制量及磨损不同。

（2）线材在吐丝螺旋管中受到惯性动力、向心力、离心力、管壁摩擦力的作用变形成圈。

（3）吐丝管安装不当。在高速转动状态下吐丝管变形、走位、失去平衡，造成吐丝状态不稳定出现吐圈大小交替。

（4）夹送辊后出口弯管的磨损、吐丝机进口直管的磨损、精轧机组和夹送辊之间导槽以及5号控冷水箱中导槽的磨损，也会使线材在其中受阻，造成吐丝过程不稳定，出现大小圈。

31.5.5　吐丝机托板高低不平

吐丝机托板两边高低不在同一平面上，造成托板单面受力。其次轧制实际线速度和吐丝速度不匹配也会影响吐丝位置。

31.5.6　其他影响原因

（1）吐丝管在加工过程中成形不好或安装时位置不当，将会吐丝管空间曲线和线材运行轨迹的改变，线材在吐丝管内的速度及受力都将改变，而且将大大降低吐丝管使用寿命。

（2）吐丝管内壁产生磨损，使线材在吐丝管内的运行轨迹发生变化，造成圈形变差，严重时还会造成吐丝盘偏心，吐丝机振动值增大。

（3）吐丝管内有氧化铁皮堆积使线材运行受阻，发生吐丝圈形乱。

（4）当吐丝盘盘面发生屈曲变形或磨损较大时，因线圈与盘面的非正常接触，线圈前行方向发生偏离，极易发生弹跳现象，从而使线圈的形状和节距发生紊乱。

（5）吐丝盘外圆面（圆周面）如磨损过大，则外圆面与其护罩间的间隙增大，吐丝机高速旋转时产生的气流出现剧烈波动，从而使吐丝状况发生异常变化。

31.6　吐丝乱控制措施

吐丝螺旋管的螺旋线空间形状对吐丝质量起着决定性的作用，但吐丝机无法进行改进，只能通过合理的安装和使用来改善其性能。

（1）利用更换吐丝管时，认真检查吐丝盘磨损情况及外圆面单面与其护罩间的间隙，确保最大间隙不超过4mm。

（2）保证吐丝管的正确使用，一根合格的吐丝管在安装时，与吐丝盘管座要自然吻合；如不能自然吻合，则可认为该吐丝管曲线不符合要求。不合格的吐丝管不得使用，不得利用管夹强制使吐丝管变形后安装就位。要保证吐丝管空气吐扫正常。

1）由于吐丝管形状不规则，线材在吐丝管内运动时为非匀加速运动，因此吐丝管的磨损是不均匀的，造成重心偏移，可通过定期更换吐丝管解决。大规格更换 ϕ6.5mm 以下小规格时一定要更换吐丝管，ϕ5.5mm 品种钢在2000支内，ϕ6.5mm 品种钢在3000支内，大规格之间生产互换不超过8000支需要更换吐丝管。

2）吐丝管夹具的安装误差。吐丝管夹具质量相对较大且形状相同，检修更换时，应用粉笔按照拆卸顺序编号，方便安装时严格按照编号进行安装，不得颠倒夹具顺序。

3）吐丝盘安装螺栓要统一，因螺栓的材质不同会导致重量差异，因此需使用相同材质、型号的螺栓、螺母及垫片，并对每组进行检查。

（3）吐丝线圈忽左忽右飘落时，应在CR3操作台调整吐丝机和夹送辊的速度超前值，从而使吐出线圈下落平稳、均匀。

（4）利用停机检修时间打开吐丝机保护盖，检查吐丝机的进口直管、夹送辊出口弯管、精轧机组到夹送辊之间的导槽、水冷箱中的冷却水管等处磨损情况。夹送辊出口弯管每班班前检查要检查到，其他可利用停产检修进行检查。

（5）轧制过程中控制措施

1）常检查连铸坯加热温度是否均匀，与加热炉 CR2 操作台保持联系；监控轧线各个温度点的波动情况，轧机 CR3 操作台动态调整穿水量。

2）合理调节轧机机组之间的张力，确保粗中轧 1~12 号轧机之间微拉轧制，有活套的 12 号至精轧机之间堆钢轧制。参考 CR3 操作台上过钢电流，同时在现场实际观察红料头尾过钢情况，调整机架间堆拉关系，禁止单靠电流盲目调整轧机速度。

3）确保各架次料型尺寸严格按照轧制程序表规定控制，各机组调整工要定期卡量料型尺寸，尤其检查各个飞剪处切头尾尺寸。

4）观察比较成品各断面的直径公差和不圆度，掌握轧线张力变化情况和导卫使用情况，成品公差控制在内控标准要求范围内。

（6）换辊换槽时，认真核对辊环辊径，做到准确输入，保证精轧机组之间堆拉关系。倒槽前要严格按照以前下发的高线车间轧机单槽轧制量合理倒槽，6 寸辊环 1500~2000t，8 寸辊环 3500~4000t，10 寸辊环 7500~8000t，品种钢控制在普通钢种的轧制量一半。

（7）线材成品的速度大于精轧机出口轧辊的线速度，而且由于实际情况比较复杂，诸如钢温、摩擦、辊径及张力的变化都会引起前滑值的变化。所以要达到吐丝最为稳定，需保证吐丝机的速度略高于精轧机的速度而略低于线材的实际速度，才能满足速度计算结果的吻合。

（8）检查吐丝机托板位置，确保托板高低位置合适。

31.7　结束语

高速线材生产对吐丝圈形的要求较高，吐丝质量的好坏直接影响正常生产的组织。吐丝机吐丝过程比较复杂，当吐丝状况不好时，要进行仔细观察表现出的状况，细致检查料形尺寸、堆拉关系、设备电流和振动、辊环和吐丝管使用记录，认真分析，找出原因并及时进行处理。

32　减少 ϕ16mm 三切分轧制尾部超差产生的检废

32.1　引言

轧钢一车间成立于1988年9月，并于2000年移地大修后。年产量达到100万吨。主要生产规格为 ϕ12~40mm 螺纹钢。其中 ϕ12mm 采用4线切分轧工艺。ϕ14mm，ϕ16mm 螺纹钢采用3线切分轧工艺。ϕ18mm、ϕ20mm、ϕ22mm 螺纹钢采用2线切分轧工艺。

切分轧制虽然有提高产量，降低成本，简化孔型系统，减少等优点，但有一致命缺点就是轧检废居高不下，其中成品尾部尺寸超差就是原因之一。成品尾部尺寸超差产生大量检废的同时，还要花费大量的时间进行处理，影响工艺时间的同时影响了产量，对提高三切分产量产生很大的限制。通过细致的分析，找出成品尾部尺寸超差的原因，并对进行改进和控制，使问题得到解决，保证了生产的正常运行。

32.2　轧制生产工艺

切分轧制就是在轧制过程中，钢坯通过孔型轧制成两个或两个以上断面形状相同的并联轧件，然后再利用切分设备将坯料沿纵向切分成两条或两条以上断面相同的轧件，并继续轧制，直至获得成品的轧制工艺。

车间 ϕ16mm 螺纹钢生产12号轧机采用箱形孔，13号轧机采用侧压箱形孔，为下一道次的预切分创造条件，14号轧机采用预切孔型，在这轧件被轧成并联的轧件，15号轧机轧辊孔型为切分孔型，经过这一道次后并联轧件的连接带变得很薄，在15号轧机出口处安装切分导卫将其“撕开”。使并联的轧件形成独立的轧件，16号轧机采用双幅椭，17号轧机为成品孔。

32.3　存在的问题与分析

在以前的 ϕ16mm 三切分轧制过程中，既要保证三线成品的稳定，又要保证尾部尺寸在公差范围内，轧废、检废的产生一直以来都是我们比较关心和头痛的事。在保证了三线成品稳定的时候，成品尾部就有一定的尺寸超差，主要是一线和三线尾部有7~12m的尾部纵肋超过公差范围。产生大量检废，导致成材率的降低。挑选尾部废品影响了工艺时间的同时影响了产量。通过多次轧制时的测量、比对，进行数据收集综合分析，主要有以下几方面的原因：

（1）中轧机组来料过大，造成1、3线纵肋过大，到尾部导致14号轧机、15号轧机过冲。

（2）切分机架来料不能充满成品前一机架孔型，导致15号和16号之间拉钢，脱尾后造成尾部超差。

（3）切分孔压下量不够，3 号活套存在拉钢。

（4）机架间转速匹配不合理，有拉钢现象。

（5）13 号轧机箱形孔高度偏大，16 号轧机双弧椭槽口偏小，14 号、15 号轧机二线的截面积偏小。

（6）粗轧机组，中轧机组拉钢。

（7）12 号、14 号、15 号导卫弹簧板不稳定，对轧件扶持不好，在轧制中心线不正的时候，保证了中间尾部就会造成 1 线或 3 线尾部超差。

32.4 改进和控制措施

（1）中轧机组来料过大。在交接班时，取上一班尾样，中轧调整工根据尺寸大概调整中轧机出口料型，本班过钢后卡量轧件中部尺寸，根据成品情况和 12 号、13 号的料型尺寸情况再进行适当调整。

（2）切分机架来料不能充满成品前一机架孔型。交接班时，无论成品前机架是否新槽，都要试小样，对切分机架轧辊缝。在轧制过程中发现成品前机架料型不充满，须及时调整该机架压下量或者前几道次的料型，保证料型的充满。

（3）切分孔压下量不够，3 号活套存在拉钢。保证 14 号机出来的料在 23.5mm 以上，以让 15 号机切分孔有 0.8mm 以上的压下量，保证 3 号活套的稳定和 15 号出来的红坯连接带能顺利“撕开”。

（4）机架间转速匹配不合理，有拉钢现象。交接班前，必须观察上一班各机组的转速堆拉钢情况，在开轧时进行必要调整。在轧制过程中，随时注意观察各机架料型的动态变化，发现有拉钢现象时，通知调整工进行观察并反馈信息进行适当调整。

（5）13 号轧机箱形孔高度偏大，16 号轧机双弧椭槽口偏小，14 号和 15 号轧机二线的截面积偏小。

对 13 号、16 号的孔型做适当的修改，将 13 号孔型高度缩小，让 12 号轧机出来的钢坯在 13 号得到很好的控边。16 号双弧椭槽口增加，以免 16 号充满后头尾带耳子造成成品缺陷。在现在的轧制中料型的充满程度都比较好，14 号、15 号孔型其中间轧件的截面积比两边孔型的截面积略小，需适当增加其中中间轧件的截面积，以更好地控制三线的成品。

（6）粗轧机组，中轧机组拉钢。合理调配粗轧机组、中轧机组料型尺寸和堆拉钢关系，保证钢坯头部出中轧时与上一根钢尾部的距离稳定在 1~1.5m 之间。

（7）12 号、14 号、15 号导卫弹簧板不稳定对轧件扶持不好，在轧制中心线不正的时候，保证了中间尾部就会造成 1 线或 3 线尾部超差。

在改品种和交接班时对轧制中心线进行找正，在 12 号、14 号、15 号进口导卫弹簧板上增加固定螺母起到调整弹簧板及固定的作用，防止轧件跑偏，料型不稳定。

（8）各机架料型尺寸应严格按照工艺要求进行控制，对粗、中轧调整工反复提醒及监督，确保中轧出口料型在轧制时能得到合适料型。在开轧试小样时，切分机架以及之前各机架的料型稍微给大一些，确保成品前机架的来料充满程度。要加强对机架间堆拉钢关系的判断，并实时对转速进行适当调整，降低机架间拉钢程度。在料型不能使转速匹配的时候，及时通知调整工进行相应的适当调整。加强对轧槽冷却效果的检查，避免轧槽磨损不均，发生料型尺寸变化。加强钢坯加热温度的控制，头尾温差不得大于50℃。

32.5　使用效果

经过近半年的摸索，不断改进，不断总结和完善现在近两次 ϕ16mm 三切分轧制时成品尾部尺寸均能控制在19~19.2mm之间。已经实现设定的目标。但是偶尔有因岗位人员出现某些原因使得对料型、转速的监控、调整不够及时而发生的检废，在以后的轧制过程中，还得加强防止一些干扰因素对岗位人员的影响，尽量地杜绝因尾部尺寸超差造成的检废。

32.6　结束语

通过本次“减少轧制 ϕ16mm 三切分尾部尺寸超差产生的废品”课题的研究攻关，成功解决了生产中遇到的实际问题，并将本次课题研究结果引用到三切分其他规格的轧制过程中，共同达到稳产、高产的目的。

 精品棒材表面划伤多发的原因与对策

结合多年在现场质量检查的经验和观察，概括地叙述了棒材生产线最容易发生的划伤产生原因与措施，并提出了应对方案，为技术改造和改进操作方法提供了有价值的参考。

33.1　引言

精品棒材生产线，是某公司实施精品战略后，从国外引进的第一条现代化棒材生产线，具有当今世界先进水平，并于2005年9月19日正式投产。

在棒材各种质量缺陷中，表面划伤是最普遍也是最容易发生的一种缺陷，最多时约占工艺性缺陷的20%左右。出现划伤缺陷以后，就不得不停止轧钢，查找划伤的位置，浪费了很多时间，也增加了不合格品的数量。

预防职能是质检工作的一项重要职能，发现问题、找出根源，想办法解决问题，防止问题进一步扩大是每一个员工都应该做的。质检工作的优势是熟悉各种缺陷，了解各工序的情况，在分析原因上应该发挥自己的作用，帮助解决问题。因此，首先对表面划伤进行了分类，并分别进行了原因分析，通过技术改造已经取得了一些效果，但有些原因还有待通过技术改造加以解决。

33.2　圆钢表面划伤特征与产生原因

一般呈直线或弧形的沟痕，其深度不等，通常可见到沟底。长度自几毫米到几米，连续或断续的分布于钢材的局部或全长。多为单条，也有多条的。产生原因是：

（1）导位板加工不良，口边不圆滑，安装不当，磨损严重，或黏有氧化铁皮。

（2）孔型侧壁磨损严重，轧件接触产生弧形划痕。

（3）钢材在运输过程中与表面粗糙的辊道、地板等接触产生。

33.3　划伤的分类

划伤的产生从出现的位置可分为两种，轧前划伤和轧后划伤，解决和消除时要分别对待。

轧前划伤与轧后划伤的区别在于从缺陷处观察。

33.3.1　轧前划伤

轧前划伤的两侧没有外翻现象，多为轧制前所产生。轧前划伤的部位基本在轧件的两旁（辊缝处），但也不会很远，大部分出现在成品轧机入口导卫上，这种划伤出现的相对比较少。

轧前划伤的主要原因是因为入口导卫的导辊安装时偏，对中不太好，轧件在进入成品轧机时与入口喇叭口接触产生摩擦，出现划痕，进入成品后在辊缝处的金属又没有与轧槽

接触，属于自由宽展，很小的划痕也得不到消除，出现划伤缺陷。

轧前划伤的消除需要调整入口导辊，使两个导辊对称，确保轧件不与喇叭口接触就可以消除了。

另一种轧前划伤主要集中在 ϕ30mm 左右规格上，同样也是喇叭口划的，但导辊调整对称很好了，还会有划伤，主要是因为 ϕ30mm 左右规格的成品前一架次的料后，喇叭口设计的小，没有富余量，这时需要调整轧制线的高度和成品活套上的压辊高低，确保轧件水平进入成品轧机就可以消除此类划伤。

33.3.2　轧后划伤

相反，轧后划伤的两侧有外翻，两边比较尖锐，用指甲盖在划伤两侧滑动，有卡阻现象，基本为轧件出成品轧机后所产生的。

轧后的划伤比较常见，出现的机会也多，消除也比较不容易。大规格（ϕ50mm 以上）的划伤最为普遍，因为轧件出成品轧机后到冷床的距离长，任何与轧件接触的地方都有可能出现。在轧件行走时与哪个部位接触并有小的火花出现，哪里就会有划伤出现，就要对此处进行处理、调整。

33.4　划伤的应对措施

通过长时间的观察、总结，找出了划伤产生的一些规律和控制的关键点。

（1）飞剪处是一个关键部位，其前面的导槽为了控制轧件能够正确的在飞剪处剪切，开口度调整的都比较小，一旦与轧件接触后就会有划伤，所以要及时调整开口度、选用适合规格的导槽，尽可能避免与轧件的接触。将导槽的前端安装立辊，使轧件在此处的摩擦改为滚动的摩擦，可减少划伤的出现。前夹送辊的高度的调整也是关键，要使轧件在夹送辊的辊面上运行，不能让轧件与导槽的上下接触不能产生滑动的摩擦。

（2）各个活套盘两端的防窜盖（俗称狗洞子）也是产生划伤的一个因素，因为大规格的断面大，很容易与其接触，所有在换大规格时，要提前将防窜盖调高或拆下来，避免划伤的出现，把缺陷产生的因素提前消除。

（3）特别是在裙板处的盖板是大规格产生划伤的一个最主要的原因，断面大，轧件的自重也大了很多，上冷床辊道的设计是斜面的，轧件通过盖板来控制轧件的位置，这是轧件与盖板接触全部为滑动摩擦，四十多块盖板的摩擦会使成品的表面出现很多的划伤，有通长的多条的，且消除的方法几乎为零。

通过将盖板装上了滚轮，改滑动摩擦为滚动摩擦，基本上消除了通长划伤和多条划伤，大大提升了表面的质量，受到了用户的好评。但对滚轮的冷却和检查一定要注意，不能缺水，以减少磨损和损坏，发现有不转的要及时更换，避免因和立辊摩擦再次产生划伤。

（4）大规格的另一种划伤也可称为“咯痕”，成不规则的、非线性的，有周期性，有时为断续的凹坑状。

产生的原因是辊道磨损较为严重，出现沟痕，轧件压在沟痕的边缘上面，在自重的重压下就会出现缺陷。消除的方法就是更好磨损较为严重的辊道，用砂轮打磨辊道表面。

此缺陷都有周期性，是滚动件处所造成的，一般不易判断是某一个部位造成的，所以，要普查所有的辊道，重点是轧机的替换辊道。因此，还制定了切实可行的接班检查和巡检制度，提前发现磨损严重的辊道，提前更换，可大大减少缺陷出现的几率。

将以上几点做到位，基本就可以杜绝大规格产品划伤的出现。

（5）小规格的划伤除了前面提到的成品入口导卫造成的划伤，成品出口管子也是原因之一，通过在成品的出口观察和划料就可以发现，消除时调整管子的高低和横梁的偏正就可以消除了。

小规格的产品划伤多出现在出成品轧机后，测径仪前后的几个通过管子上，划伤位置的判断还是看轧件与设备的接触部位，配合用木板划料就可以找到，有火星的地方就会有缺陷产生。

在测经仪前的管子处的划伤，可以调高成品出口处的两个辊道的高度，使轧件脱离与管子的接触或换大一型号的管子就可以消除了。测径仪后的主要是在三段穿水辊道处的小管子，管节多，距离也较长，消除方法就是调正管子，成为一条直线。

另外的技巧就是在钢种允许的情况下使用穿水管，利用穿水的浮力将轧件浮起，避免与管壁接触。

参考文献

[1] 李曼云．高速线材轧机知识问答［M］．北京：冶金工业出版社，2006.
[2] 袁志学，杨林浩．高速线材生产［M］．北京：冶金工业出版社，1997.
[3] 李曼云．高速轧机线材生产［M］．北京：冶金工业出版社，1998.
[4] 张满泰．线材生产知识问答［M］．北京：冶金工业出版社，1996.
[5] 袁志学，杨林浩．高速线材生产［M］．北京：冶金工业出版社，2012.
[6] 张忠峰，王长生，尚振军．热轧矿用锚杆的研制开发［J］．山东冶金，2003，24（5）：13-15.
[7] 卿俊峰，柴建铭．高速线材轧机的活套控制［J］．轧钢，2005，22（2）：69-71.
[8] 吴从善，周敏．小规格线材生产中吐丝管的优化［J］．轧钢，2003，12（6）．
[9] 汪建新，杨文志．包钢高线吐丝机乱圈原因分析及其消除措施［J］．1999，11（18）．

冶金行业职业技能鉴定培训系列教材

镀锌工（高级工）
热处理工（技师）
焊工技能培训（技师）
轧钢工（高级技师）
轧钢生产典型案例——热轧与冷轧带钢生产
★ 轧钢生产典型案例——中厚板与棒线材生产

体验更多精彩阅读
尽在冶金工业出版社微信平台

ISBN 978-7-5024-7814-8
9 787502 478148 >

定价38.00元
销售分类建议：冶金工程

高等学校规划教材
GAODENG XUEXIAO GUIHUA JIAOCAI

土木工程施工组织

蒋红妍　黄莺　主编

冶金工业出版社
http://www.cnmip.com.cn